# CRADLE to CRADLE

## REMAKING THE WAY WE MAKE THINGS

# 從搖籃到搖籃

## 綠色經濟的設計提案

William McDonough
Michael Braungart
威廉·麥唐諾　麥克·布朗嘉

野人

譯——中國21世紀議程管理中心
中美可持續發展中心

地球觀5

# CRADLE to CRADLE
## REMAKING THE WAY WE MAKE THINGS
# 從搖籃到搖籃 綠色經濟的設計提案【ESG永續暢銷三版】

作　　者　威廉・麥唐諾 William McDonough
　　　　　麥克・布朗嘉 Michael Braungart
譯　　者　中國21世紀議程管理中心、中美可持續發展中心

野人文化股份有限公司

社　　長　張瑩瑩
總 編 輯　蔡麗真
責任編輯　黃暐鵬、李怡庭
協力編輯　王怡之
行銷企劃經理　林麗紅
行銷企劃　蔡逸萱、李映柔
封面設計　黃子欽
內頁排版　洪素貞

出　　版　野人文化股份有限公司
發　　行　遠足文化事業股份有限公司 (讀書共和國出版集團)
　　　　　地址：231新北市新店區民權路108-2號9樓
　　　　　電話：（02）2218-1417　傳真：（02）8667-1065
　　　　　電子信箱：service@bookrep.com.tw
　　　　　網址：www.bookrep.com.tw
　　　　　郵撥帳號：19504465遠足文化事業股份有限公司
　　　　　客服專線：0800-221-029
法律顧問　華洋法律事務所　蘇文生律師
印　　製　呈靖彩印股份有限公司
初　　版　2008年1月
二　　版　2018年3月
三　　版　2022年4月
三版2刷　2023年11月



從搖籃到搖籃：綠色經濟的設計提案／
威廉．麥唐諾（William Mcdonough），
麥克．布朗嘉（Michael Braungart）著；
中國21世紀議程管理中心，
中美可持續發展中心譯.
－三版.－新北市：野人文化股份有限公司出版：
遠足文化事業股份有限公司發行，2022.04
　面；　公分.－（地球觀；5）
譯自：Cradle to cradle：
remaking the way we make things
ISBN 978-986-384-698-7（精裝）
1.CST: 廢棄物利用 2.CST: 工業管理 3.CST: 環境保護
445.97　　107001939

從搖籃到搖籃
線上讀者回函專用 QR CODE，您的寶貴意見，將是我們進步的最大動力。

野人文化讀者回函

野人文化官方網頁

環保認證
● 全書使用SGS-歐盟RoHS認證的環保紙
● 全書使用大豆油墨印製，可降低印刷品及印製過程中的揮發性有機化合物排放

# 推薦

一個不顧慮生態系統的工業模式，終將反噬人類健康生存的根基，
是本書給予我們最大的啟示；
關心自身及後代健康的人不能不讀，
有志將自己的企業帶入永續未來的企業主不能不讀。

鄭崇華
台達集團創辦人暨榮譽董事長

# 推薦

科技發展豐盈了人類文明，卻也在大自然裡留下無法忽視的痕跡。我們正視這個問題，虛心自省並思考在工業發展與自然生態間，除了規範工業應朝向更清潔、更有效的製程發展，以降低對環境的衝擊之外，我們還能再做哪些努力？

布朗嘉教授所倡導的「Cradle to Cradle（從搖籃到搖籃）」理念，帶給我們新的思維，也點出了環境衝擊取決於產品研發設計的關鍵作為。布朗嘉教授強調產品於設計階段就應構思其結局，讓廢棄產品成為另一個循環的開始，如同櫻桃樹於四季更迭，掉落的櫻桃花與果實，是養分而非負擔。因此，落實從搖籃到搖籃的工業，並非只是減少廢棄物，而是將廢棄物轉化為其他有用的循環物質或產品。如此，方能讓自然界的循環體系與工業界的循環體系，維持各別獨立卻又能和諧共鳴，因而滋養萬物。

這本書帶來了許多的激勵，並且用淺顯的文字與親切的案例說明環境保護要由心而起，正確的產品設計可帶來讓工業與自然生態都能永續發展的契機，引人深思。

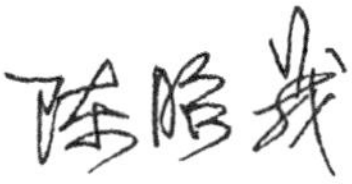

陳昭義
中央銀行理事

## 推薦

黃秉德
政大NPO-EMBA平台計畫主持人

《從搖籃到搖籃（*Cradle to Cradle: Remaking the way we make things*）》，更貼近其精神本質，可以譯成生生不息吧！

能夠與布朗嘉教授一起共事，可說是一場充滿知性的心靈饗宴。五天的訪台行程，熱情參與的各界人士，讓他講到喉嚨「騷聲」。

布朗嘉教授捲髮蓬蓬的，有點湯姆瓊斯的樣子、又有點像比爾蓋茲；是一個感覺個性有點自在隨興、談起話來又十分嚴謹的老德。這一次的合作，真是見識了各種不同的德國人，好有趣！

政大NPO-EMBA是一個跨領域、科際整合的平台，透過學習與交流，讓政府、企業、第三部門的知識與資源，以各種可能的形式結合，來促進社會的創新。政大NPO-EMBA所關心的議題，從老人、兒童、婦女、弱勢團體等社會福利，一直到文化創意、環境保育，期望開拓新興社會事業，提升社會向上的能量。

而政大NPO-EMBA如何與布朗嘉教授知性相遇？故事是這樣開始的：先是與台北德國經濟辦事處的代理處長顧安德（Andreas Gursch）認識，介紹布朗嘉教授——一位讓大導演史蒂芬史匹柏讚賞不已的傳奇人物——讓我們進一步瞭解。接著，德國文化中心主任葛漢（Jürgen Gerbig）邀請布朗嘉來台，推廣Cradle to Cradle循環經濟的環保理念。就在顧處長的推薦下，政大NPO-EMBA成為德國文化中心的合作夥伴，推廣布朗嘉循環經濟理念，力邀各界人士參加工作坊。

從氣候暖化到石油漲價，又是低碳、又是節能，千頭萬緒，似乎理不出一個有系統、可以遵循的理論或思路。環保議題幾乎成了末世警訊的符號，恐懼之外，只有無助的感覺。

布朗嘉透過詼諧的方式，指出實踐環保不應是等於少用，不能像禁欲主義；而應該是用創意，去建構一個新的文明，是歡愉的、生意盎然的。這個新文明是向大自然生生不息的生態循環去學習，從新的生活方式與新的生產方式著手，透過創意的設計，不再有所謂的廢棄物。所有的產出（Output），都是另一個流程的輸入（Input）。因此資源不斷循環，一個價值創造另一個價值，生生不息。

我們推介這個生生不息的模式，讓創意取代恐懼，讓新的文明孕育更多的人性價值。布朗嘉說，讓我們去慶祝一個新文明的誕生吧！好好讀這本書，讓你我都成為新文明的設計者。讓我們一起慶祝吧！

最重要的是，一定要念完！

二〇〇七年十二月十五日

# 目錄 CONTENTS

繁體中文版導讀

# 下一波工業革命

## The Next Industrial Revolution

梁中偉（曾任*Intelligent Times*總編輯）

原文發表於*Intelligent Times*雜誌
二〇〇七年十一月號



二〇〇七年十月二十四日夜晚，德國麥克．布朗嘉教授本應在倫敦接受時代雜誌的「環保英雄」頒獎典禮，與英國王子同台受獎。但是他並未飛去英國，而是出現在台北政大公企中心的EMBA班上，向不同領域的專業人士講解什麼是「從搖籃到搖籃」（Cradle to Cradle）。這個概念自從二〇〇二年以同名書問世後，震撼全球環保與商業界。但是對台灣而言，他帶來的訊息，卻仍是一項嶄新而充滿機會的提案。

對布朗嘉而言，過去三十年環保運動與各式各樣的方案，並不能終結地球的環境災難，也不能說服企業界真正投入環保。一方面，工業革命帶給我們的真正遺產，並未從整體來分析瞭解，另一方面，科學家、產業界、環保人士所提出的解方，也仍然受困於負面思考，並未從正面來思考人類真正需要的產業模式。

他給未來的企業帶來的新問題是：「我們清楚顧客需要什麼樣的肥皂，但是河流又期望一種什麼樣的肥皂呢？」當恆河的婦女在河邊洗衣服，清潔劑流入河水，在光滑的魚鱗上會留下什麼？我們又會吃下什麼？

環境中的毒素，已經造成每年四百五十萬兒童死亡，只因為無法取得乾淨的用水；大量海豚瀕臨絕境，只因為暴露於海中的塑膠廢料。現在來談減少汙染，遠不能解決問題。對布朗嘉而言，「減少破壞」這種思考方式，「是人類想像力的失敗」，由這種觀點而描繪的未來圖景，是黯淡無光而令人沮喪的。

他提出的解決方案更為積極，不再是一點一滴彌補工業革命的傷害，而是邁向「下一波工業革命」，新的工業系統必須謙卑的向大自然學習，在大自然裡，根本沒有廢棄物這個概念——所有的東西基本上都是養分，都可以回歸土壤，「要像一棵櫻桃樹一樣花團錦簇，生生不息。」在一百五十人的會議室裡，布朗嘉展示一棵櫻桃樹的照片，滿滿的櫻桃花，「花朵遠超過果實的數量，會有人質疑太浪費嗎？」櫻桃花掉落草地，變為養分，化為土壤，自然裡沒有廢物，沒有人口過剩。

他不是在質問，為什麼企業不負責任，汙染環境。他問的是：「如果人類世界是由櫻桃樹繁衍的，這世界將是一幅怎樣的圖景？」

布朗嘉在台灣不到一週的行程，三場工作坊，一場與企業家、政府官員的對話，很多時候你覺得他不只是一個化學家，而且是一個詩人。但是千萬不要誤會他是一個浪漫主義者，他挑戰現成的觀念，提出堅實的研究成果、數字、理論說明，並且舉出企業成功的案例，他知道即使有最好的方案，但若不能給企業帶來利潤，是無法推行的。

他在不同場合反覆宣揚他的構想：要從產品的設計階段開始，就仔細構想產品的結局，如何成為另一個循環的開始。從搖籃到搖籃的目標，不是在減少廢棄物，而是將工業產品的廢棄物轉化為有用的養分——轉化為其他物質、其他產品，或是對其他地區、其他人有用的東西。不從一開始採取根本不同的產品設計哲學，只是在延緩惡化的腳步，這是過去生態主義者的失敗之處。

## 教授革命家

我第一次訪問布朗嘉教授，是在今年初春一個多霧的早上，在教授的公司EPEA漢堡辦公室，EPEA四個字母代表「鼓勵環境保護協會」（Environmental Protection Encouragement Agency）。在那之前，我對布朗嘉是何許人毫無概念，只是歌德學院安排的媒體採訪行程之一。但是在EPEA小小的辦公室裡，我見到來自德國其他城市、美國、甚至上海的年輕人，因為仰慕布朗嘉而來到漢堡，我才知道這個滿頭亂髮的教授，已經是全球生態界的傳奇人物。

布朗嘉是化學家，但也曾經是激進的生態行動主義者。年輕時，他進入綠色和平組織*，成為「組織裡的第一個博士」。他曾經為了抗議Ciba-Geigy工廠的化學物品外洩汙染，把自己綁在煙囪上，迫使工廠關機。他在北海游泳，抗議漁船



* Greenpeace綠色和平組織：透過與企業及政府當局直接對抗的方式，保護瀕危的動物，防止環境汙染和提高環保意識。綠色和平組織一九七一年成立於加拿大卑詩省，以反對美國在阿拉斯加阿姆奇特卡島舉行核子試驗。這個鬆散結合的組織很快受到環保人士的支持，於是展開其他運動，例如尋求保護瀕危的鯨魚和海豹免遭獵殺，停止傾倒有毒化學物與放射性廢物入海，以及終止核武器試驗。

濫捕。後來他領導綠色和平組織的化學部門，一九七〇年代更成為德國綠黨的創辦人之一。

這位當年的社會行動家，回憶起這些往事，「當年為了阻擋漁船，你必須橫在前面，現在我們在民主社會裡，可以用和平的方式解決了。」一九八七年，他在漢堡創立EPEA，展開一連串關於工業產品的化學成分研究。研究的結果讓人怵目驚心。

他發現，當我們使用日常工業產品的時候，大量化學物質散發出來。「一個單純的椅墊，當你坐在上面，產生摩擦，就會釋出許多看不見的化學物質到空氣中，然後直接被你吸進肺部，或是沾到你的皮膚上，」布朗嘉在台北的工作坊中解釋這些研究發現，「你只是想坐椅子，但不想吸進這些有毒的化學物質。」像電視機這種電器製品，含有的化學物質更多了，「你只是想看電視，不想吃電視機。」但是我們每天都在吃電視機釋放出來的化學物質。糟糕的是，其中某些化學物質可能引發癌症，或導致新生兒畸形。

為什麼即使在德國這樣的環保先進國家，都還會發生這種情形？全球化是原因之一。「製造商在全球範圍內尋找成本最低的供應商，因此在高科技產品中，常常包含廉價但有毒的塑料和染料，」例如致癌的苯，儘管在美國禁止作為溶劑，但是開發中國家製造的橡膠產品（那裡苯並未禁用），卻可輸入到美國，其結果是美國或歐洲禁用的物質，以產品或零組件的形式進入市場，連製造商也未必知道這些零組件中到底含有什麼物質。

布朗嘉在台北的演講中舉了一個有趣但令人笑不出來的例子，他拿中國產的刮鬍刀與德國的刮鬍刀做比對分析，發現前者便宜，但是所含的化學物質遠遠多於德國的產品，不少是致癌物。他開玩笑說為了安全，用中國電動刮鬍刀的時候，要距離下巴一公尺以上才能避免受到有毒物的傷害，「只有留超長鬍鬚的人才用得到這種刮鬍刀。」

## 革工業革命的命

但是布朗嘉的創見，並不是做產品的有毒物質研究，而是分析工業革命以來整個產業生產的核心錯誤，並且試圖找出根本的解決之道。

兩個世紀前，當工業革命發生的時候，自然資源似乎取之不絕，「環境的脆弱性，還不是關心的議題。工業設計目標中既未考慮維持自然系統的正常運轉，也未察覺到自然界中複雜、微妙的相互關係，」布朗嘉在《從搖籃到搖籃》這本已成為經典的書中，花相當篇幅分析工業革命以來的產業心態，「工業革命的思維是線性的，只關心如何把產品做出來，並且快速、廉價的送到消費者手裡。」

因為從工業革命以來的產品與工業系統設計，從設計之初，就未考慮到環境影響以及產品的生命週期，事後的補救不但於事無補，反而造成更大的災難。以回收為例，布朗嘉指出，今天我們做的其實是「降級回收」(downcycling)。例如製造汽車的高品質鋼材，具有高碳、高抗拉強度的特點，但是在汽車回收時，這些鋼材與汽車的其他零組件一起被熔化，包括汽車電纜中的銅、表面的油漆和塑料，因而降低了鋼材品質，再無法用來作為製造新車的材料。回收印刷紙張的情況也一樣，我們回收的既非單純紙張，也不是油墨，而是附有油墨的紙張，混成紙漿後再製的紙，已經無法擁有原先的優良紙質。甚至為了要再製紙，還需添加會造成汙染的化學物質。原有材料所具備的「工業價值」，在混合後損失殆盡。

從設計之初，工業與生物材料就混雜不分，布朗嘉生動的比喻現代工業品大都是「科學怪人(Frankenstein)產品」，或是「怪誕複合物(monstrous hybrid)」，一個產品中包含著難分難解的工業與生物原料，在生命週期結束的時候，無論有多完善的回收系統，都無法拆解成為有用的養分。原本應封閉在工業循環裡的產品，進入自然界，又無法分解，就變成汙染，不論是地下掩埋場，或是焚化爐，都會產生毒性更高的致癌物質。「要瞭解什麼是我說的搖籃到墳墓，你只要走一趟堆積如山的垃圾掩埋場，或是焚化爐參觀就明白了！」設計的錯誤，再怎麼回收也沒有用。用焚化爐焚燒科學怪人產品，不但製造戴奧辛、多氯聯苯，也燒掉有價值的工業物質，看在布朗嘉這個化學家眼裡，簡直是莫大的愚昧，是針對一個錯誤系統的錯誤解法。

布朗嘉的分析核心，就在他認為地球上有兩個獨立的新陳代謝系統，應該涇渭分明，絕不相混。一個是生物新陳代謝，或者說生態圈、自然循環，另一個是工業新陳代謝，或者說是工業循環。一個產品若來自於自然界，在生命週期結束的時候回歸自然界分解，成為生態圈的養分。但是很多工業產品，本來就不可能自然分解，像是電視機、電腦、汽車，就應封閉在工業循環內，回收再製，成為有價值的工業養分繼續使用。

如果從製造設計之初，就考慮不同原料最後將進入不同的循環，則材料不但可以保持原有的性質，甚至可以做到升級回收（upcycling）。以塑膠瓶為例，原本含有銻、重金屬，如果在回收的過程中能去掉銻，就能變成更好的物質。「有廢棄物產生，就代表設計的失敗。」布朗嘉斬釘截鐵的說。

根據他的研究，一台電視機裡有四三六〇種化學物質，有些是有毒的。消費者要買的是電視節目這種享受，從沒想過要把那四千多種化學物質一起買回家，並且在看電視的時候還一面呼吸這些物質。製造電視機的廠商除了要確保使用中的安全，更應該要負責回收物質。因此把產品變成服務，是最好的解決方案，「廠商賣的應該是窗明几淨的服務，不是玻璃窗。」電視機也好，玻璃窗也好，都可以由廠商回收為有用的工業養分，而不該變成垃圾掩埋場的廢棄物。

傳統的設計與商業模式，強迫顧客承擔汙染的後果，造成「利潤的私有化，汙染的社會化」。但這是傳統工業革命模式的根本難題，不見得是企業罔顧道德。布朗嘉相信九五%的企業都是好的，但需要合乎商業利益的解決方案，他在台北與一群企業家會面的時候說：「我不是綠色化學家，我是好化學家。」

## 企業實證

九〇年代初，布朗嘉到美國發展，「美國與歐洲完全不同，」他在*Intelligent Times*的專訪裡提到他的美國經驗，「在德國你是因為提出問題而得到酬勞，在美國則是因為提出解答。」一九九五年，布朗嘉與美國的生態建築設計師威廉·麥唐諾共同創立了MBDC設計公司（McDonough Braungart Design Chemistry）。幾年之後，福特汽車掌門人比爾·福特希望把深具歷史意義的胭脂河舊汽車工廠，改造為綠色工廠，整體經費高達二十億美金，這個案子落到了MBDC手上，福特聘請麥唐諾負責規劃設計，從搖籃到搖籃的想法終於在美國打響了名號。

二〇〇一年，MBDC發表了《下一波工業革命》紀錄片，推廣他們的想法。二〇〇二年，兩個人合寫了《從搖籃到搖籃》一書，在美國出版，更清楚全面的勾勒了他們的理論與實踐。十年以來，美國的MBDC與德國的EPEA成為生態實踐的急先鋒，在建築、工業設計、城市規劃，與許多世界一流的大企業合作，包括Nike、Herman Miller、飛利浦在內，都相當程度受到他們的影響，推出不一樣的設計。

美國最著名的辦公室設計公司Herman Miller在這方面比誰走的都遠。他們在福特之前，就已邀請MBDC幫他們重新設計一個充滿陽光空氣的廠房。Mirra椅是他們推出市場第一款符合從搖籃到搖籃原則的產品。Mirra椅的鋼與鋁部分可以拆開來回收，產品的九八%可以再利用，做成新的椅子。椅背則是由polymer製成，可回收使用至少二十五次。在設計之初，他們就決定把有害環境的PVC拿掉，並且讓全部零件可以在十五分鐘內拆解完畢。

不僅少部分產品如此，Herman Miller宣稱，他們在二〇一〇年之前，有百分之五十的產品將符合從搖籃到搖籃的標準。現在他們在設計的時候，會開始考慮以前不會考慮的問題：如何讓材質保持獨立性，不將鋼與塑膠融在一起，以免造成回收後的汙染。要求產品可用一般的工具拆解，拆開一個連結構造的時間，不能超過三十秒。過去Herman Miller最著名的Aeron椅，因為包含非常多的零組件，就需要好幾個小時才能拆解。

更根本也更困難的問題是材質的選擇。Herman Miller花大量的時間檢視所使用的材料，如何能不用PVC，不用甲醛，一一檢視金屬表面處理、染料、纖維、布料，考慮使用生物回收材質的可能性，但是又不能影響到原有功能。最後，為了確保這些材質沒有環境顧慮，他們要求所有的供應商，必須提供精確的材質規格與化學成分。這等於是要求GE塑膠、德國BASF化學公司、杜邦這些大供應商，向Herman Miller遞出材料的祕密配方，其困難可想而知。

Herman Miller甚至提出一個更具雄心的計畫：Perfect Vision，他們要在二〇二〇之前成為一個百分之百的綠色企業，零廢棄物掩埋、零有毒廢料、零排放汙染（不論是水或空氣）。他們自己的建築要全部符合LEED銀標章*，所有的產品百分之百符合環保的標準。

對企業而言，經濟效益總是第一考慮。美國最大的地毯製造商蕭氏工業（Shaw Industries Inc.），一開始也懷疑從搖籃到搖籃概念的經濟效益。從二〇〇〇年開始，蕭氏從客戶手中回收舊地毯，製成地毯再利用，這麼做之後，可以同時節省過去大量處理舊地毯的垃圾費用，也省下新材料的錢。蕭氏在商業用地毯這一塊業務，所有的地毯都可回收，免費電話號碼印在地毯後面，隨時可叫人取回。

搖籃思考更啟發許多新材質的研發，二〇〇五年，德國的成衣製造商Trigema與EPEA合作，開發了世界上第一件可完全分解的T恤。不論是纖維、染料或是標籤，都完全符合從搖籃到搖籃的標準。因為在設計之初就將之放在生物的養分，所以用完之後，在環境裡就是食物一樣。「這不但是一件可以吃的衣服，同時還考慮到與人體肌膚的接觸感受。」我在EPEA辦公室拿到一件

* Leadership in Energy and Environment Design，美國綠建築協會標章。

這樣的T恤。

即使不是一場轟轟烈烈的革命，這也是一場規模浩大的寧靜改革。Unilver冰淇淋包裝，一小時內會自動溶解為液體；Nike的球鞋，可拆解為可回收與可丟棄的部分；空中巴士Airbus 380座椅所用的布料，都是可在自然裡分解的纖維。辦公室家具公司Steelcase的「Think」系列座椅，九九%可回收，並且運用最普通的工具，五分鐘可以拆解完畢。布朗嘉告訴我們，現在已經可以找到六百多種產品，應用了從搖籃到搖籃的設計哲學或是材料。

其中有些創新的概念實證（prove of concept）也在進行。例如賀卡，一般人收到保留三個禮拜之後，大概就會丟到垃圾桶裡。現在有一種以聚合物做成的賀卡，上面會指示當你不再需要時，可以放回信封（已經預付郵資），寄回蕭氏工業，他們會將之用在地毯的後背。這個測試說明工業的循環圈有可能是封閉的，只要建置一個適合的系統，不但能將產品對環境的影響減至最低，同時還可以發掘材料的新價值。

## 有好的政治，就有好的環境

布朗嘉從年輕時就投身最激進的環保運動，深諳過去二十年來整個環保辯論的歷史，但是他獨樹一幟，「過去的生態主義總是懷抱著對於環境、地球、自然的深刻愧疚感，覺得人類與工業汙染了地球。」最後，甚至覺得身而為人是羞恥的，好像自然原是完美的，人汙染了自然，「我們覺得不該出生在這裡（We feel sorry we are here），」全世界的人口太多了，尤其是開發中國家的人口問題，導致了貧窮、疾病，以及糧食短缺。「非洲的兒童，好像一出生就是錯的，不該存在地球上。」布朗嘉指出，對人類的負面想法間接促成歐洲對非洲援助越來越少，「因為他們覺得這些問題都是因為非洲自己不節制人口，造成所有的問題。」

但環境主義者對自然的浪漫情懷，於事無補，「自然並非全是好的，」他坦率指出，人類的自然存活壽命只有三十年，「如果沒有人類的科學、醫學、創意，就不可能延長了人類的自然壽命。」他反對毫無保留的肯定自然，他的基本信念：正面肯定人類本身。

問題的關鍵不是在人口數，「看看螞蟻，螞蟻的數量是人類的四倍，但是因為牠們所製造的廢物成為地球的養分，使整個生物循環得以啟動，所以數量並沒有問題，不會產生環境不能克服的汙染。」布朗嘉認為，人類製造的大量汙染其實來自不能進入生物循環或是工業循環，成為養分。「糾正我們的錯誤與浪費，三百億人口都可以養活。」

也因此布朗嘉覺得未來最急迫的不是能源問題，而是糧食問題，「栽種糧食的農地大量被轉作能源作物，使得地球的糧食危機更形嚴重。」生物能源並不能解決能源問題，他指出，連三〇%都不到，但養分與物質燒掉就沒有了，「土地是地球歷經幾百萬年形成的。」

布朗嘉很喜歡用footprint（足跡，引申為排放）這個概念說明他的想法，現在所有人、所有企業都在談如何減少二氧化碳排放，希望減輕人類在地球上的足跡或影響，「因為他們都認為這些影響都是負面的，但再怎麼減，我們都永遠不可能把人的足跡或影響消滅，減至零。」布朗嘉質問，為什麼不是擴大人類的足跡？關鍵是想辦法讓人的影響是好的，「讓所有的物種都樂於活在人的footprint中。」對他而言，追求零廢物（zero waste）代表這種荒謬的思考，「其實廢物就是養分，一個地方的廢物、垃圾，可能是另一個地方人的養分。」

我們習而不察，用的許多概念，已經反應了這種負面的思考方式。像是「非營利組織」（non-profit），「為什麼不用對環境有利（environment profit）？或者是對社會有利（social profit）？為什麼不從正面去定義事情，而要負面思考？」布朗嘉質疑。甚至大家愛用的「永續」（sustainable）這個概念也無助啟發我們積極的做法，「如果你說你與你的愛人關係是sustainable，我會替你感到難過。」布朗嘉開玩笑，「我們談的是人的創意、樂趣與生命力。」

他不只一次說，他對生命的肯定態度，是從東方得到的啟發。「我們歐洲人分析性的思考，如果加上東方人的綜合思想，應該可以找出更好的解決方案。」

他也不斷強調，環境問題不是孤立的，不但是人的設計、思想的反應，也與其他社會環節息息相關，「有好的政治，就有好的環境，」在與國內環保署官員與企業界代表會面裡，他開宗明義指出。許多政治家只懂得鉛，所以只談鉛。「但是取代鉛的，可能是更不好的東西，只是無鉛並不能解決問題。」他認為，不論政治領袖、商業領袖都應該瞭解他們所塑造的環境。

## 結論

今年以來，全球油價大漲，過去可以極便宜取得的石化原料，不再是唾手可得，傳統的綜合原料的回收誘因大增。從搖籃到搖籃多年來的訊息終於有機會引起主流企業與社會的重視。

在美國，美國郵政局決定導入從搖籃到搖籃的理念，重新設計郵包，六十種不同的包裝，有一千四百種成分需要檢查，確實是大工程，但是現在這些郵包已經上市了。越來越多的從搖籃到搖籃產品將出現在我們四周。一對來自澳洲的夫妻，在養育小孩之餘，發明世界上第一個可沖洗的尿布，你可以把用過的尿布（以及裡面飽滿的尿）拿去馬桶沖洗。他們的產品在美國上市，叫做gDiapers，是不折不扣的從搖籃到搖籃產品。

九月份，美國的Electrobike Pi發表了有如雕塑般漂亮的電動腳踏車，也號稱是符合從搖籃到搖籃的產品，整個製造過程從採礦開始只產生兩百磅的二氧化碳（一般小型車製造過程中產生的數千磅二氧化碳排放不說，每一次行駛至少就會排放二十磅的二氧化碳）。

年初，荷蘭馬斯垂特市（Maastricht）成立了「地球繁榮基金會」（Planet Prosperity Foundation），口號就是：「Let's Cradle!」大規模推動這個運動。荷蘭環境部長 Jacqueline Cramer 宣布，荷蘭將是一個從搖籃到搖籃的國家，以南部 Limburg 省兩百五十萬人為範圍，大規模實驗相關的計畫。連在中國，從搖籃到搖籃都不是一個陌生的概念，一九九九年中國成立「中美可持續發展中心」（Councilors of the China-U.S. Center for Sustainable Development），布朗嘉的夥伴麥唐諾擔任美方代表，從那時開始就有六個城鎮進行從搖籃到搖籃的實驗*，希望能為四億中國農民未來的生存環境找到方向。

為了對製造業與設計業提供服務，EPEA與MBDC今年宣布與Material ConneXion的全球策略聯盟，藉助他們在全世界的網路，建立材質的資料庫，「材料銀行」，讓製造商可以很容易取得符合從搖籃到搖籃的材料，或是貢獻出自己的材料。這使得設計者不用從頭去研發無毒素的材料，大量節省產品開發成本。二〇〇八年十一月，德國法蘭克福將舉辦Nutec展，可以說是全球第一次從搖籃到搖籃科技與產品的展覽，屆時將可以看到更多相關的材質與產品出現。



* 分別是浙江溫嶺東浦農場、山東濟南唐冶片區、北京密雲縣新區、廣西柳州高新科技產業官塘生態園區、寧波東部新城水環境規劃、四川成都郫縣潤德蘭園區暨古蜀望叢文化產業區。另外還有位於遼寧本溪的「可持續發展示範村」黃柏峪村。

至於在消費者端，為了讓消費者知道哪些是從搖籃到搖籃產品，經過兩年的努力，二〇〇五年在美國推出了一套驗證方式，以驗證標章說明產品符合標準的等級。布朗嘉不改調侃的語氣：「我個人並不希望有這樣的標籤，但美國就是喜歡控制。」美國市場上開始看得到這樣的標章——Cradle to Cradle Certified。目前在美國已經有六十項產品通過認證，還有三十項產品正在審核當中。當消費者進入附近的超市，從琳瑯滿目的貨架上，他們有這樣的標籤可供參考。

環保署副署長張豐藤在與布朗嘉會面之後，表示「這是台灣產業的機會」。對布朗嘉而言，台灣與荷蘭相若，有機會走在世界的前面，擺脫工業革命的宿命模式，他特別指出：「充滿創意與開放的社會，與從搖籃到搖籃的哲學相容。」

問題是：我們是要仍然在毀滅環境與保存環境的路口徘徊猶豫？還是仔細聆聽下一波工業革命的敲門聲？

**獻給我們的家庭，**
**以及所有物種的千秋萬代。**

要度過危機，無法依賴造成此危機的思考方式。

——愛因斯坦

瞥一眼太陽，看一眼月亮和星星，凝視大地上綠色的美麗。
現在，開始思考。

——赫德嘉（一〇九八～一一七九，Hildegard Von Bingen）

你們稱之為自然資源的東西，我們稱之為親戚。

——奧倫．萊恩（Oren Lyons，奧內達加印地安部落精神領袖）



## 說明

註腳以阿拉伯數字編號者為原版註，以星號＊標示為中文版註

# 緒論 INTRODUCTION
# 這本書不是一棵樹
# This Book Is Not a Tree

終於，你找出時間坐在自己最喜歡的扶手椅上，好好地放鬆一下。你隨手拿起一本書，此時，你的女兒正在隔壁房間裡玩電腦，另一個孩子在地毯上爬來爬去，正在一堆五顏六色的塑膠玩具中自得其樂。此時此刻，你所感覺到的一切都是那麼和諧：難道世界上還有比這更平靜、更舒適並且更安全的場景嗎？

讓我們來仔細地檢查。首先，看看你那張坐上去感覺很舒適的椅子。你知道嗎，紡織品內含有誘導有機體突變的物質、重金屬和有害的化學成分，還有正式列入危險品的染料——但這些物質卻仍用來生產並販售給消費大眾。當你改變坐姿時，紡織品顆粒受到摩擦，有害物質在人的呼吸過程中通過鼻、嘴和肺吸入體內。在你訂購椅子時，這些訊息是否標示在說明書上呢？

再看看你女兒正在使用的電腦。你是否知道，電腦是由超過一千種不同的材料所製造？這些材料包括有毒氣體、有毒金屬（如鉻、鉛和汞）、酸、塑膠、含有氯和溴的物質，以及其他添加物。研究發現，從印表機碳粉匣中散發出的粉塵，含有鎳、汞和鈷，在你悠閒地讀書時，你的小孩正吸入這些有害物質，危害著他們的身體，但人體卻幾乎感受不到這件事。這些有害物質是必要之惡嗎？當然，這上千種材料中，有一部分是電腦正常運行所不可或缺的。幾年後，家裡的電腦落伍了，你只能把它們丟掉，這樣一來，可以回收的有價值材料和有害的材料就一併扔掉了。你只是想用電腦，卻在不知情的狀況下，成了浪費和破壞環境的共犯。

事實上，你很關心環境的。最近去買地毯時，你還特地選擇了一款用回收的寶特瓶加工後作為原料的產品。回收（Recycle）？也許更精確的說法是**「降級回收（downcycle）」**。先不去考慮人們這樣做的好意，實際上你的地毯是由這種物品製成──在設計之初根本就沒有考慮到將來還能再利用，把這些物品再加工成地毯所需要的能源和因此產生的廢物，與製造一張新地毯一樣多。所有這一切努力，不過是把產品的壽命延長了一到兩個生命週期而已。地毯最終仍不可避免地成為垃圾，只不過先在你家裡暫時鋪一陣子。不僅如此，在回收過程中的添加物可能比傳統產品的材料更加有害，甚至有可能在你家中散發出更多的有害氣體。

你擱在地毯上的鞋子，看起來似乎無害。但這些鞋子很可能是在開發中國家製造的，在那裡，工作環境的健康標準（規定工人最多可以接觸多少劑量化學物質的法規）可能沒有在西歐或者美國那樣嚴格，甚至根本就不存在。製造鞋子的工人雖戴著面具，但並不足以使他們免於有害氣體的危害。起初你想要的只是一雙鞋子，最後卻把社會的不公和罪惡感帶回了家裡。

還有，小孩正在玩的塑膠玩具，能放在嘴裡嗎？你要知道，那是由PVC塑膠製成的，很可能含有鄰苯二甲酸鹽（能在動物身上引發肝癌，而且被懷疑會導致內分泌失調），或是含有毒性的染料、潤滑劑、抗氧化劑和紫外線輻射穩定劑。為什麼會這樣？那些玩具設計師在想什麼啊？

這就是我們費盡心思維護一個健康的環境，或者說擁有一個健康的住家所得到的下場嗎？我們對平靜、舒適和安全的要求就只是這樣？這幅場景似乎出了什麼問題……

好了，現在看著你手上這本書，感覺它一下。

這本書不是一棵樹。*

這本書的內容印刷在一種合成「紙」上，並裝訂成書本的形式，這是Melcher Media公司的書籍裝幀師米謝爾（Charles Melcher）的創新發明。跟我們平日熟悉的紙張不同，這本書沒有使用任何紙漿或棉花纖維，而是由塑膠樹脂和無機填料做成的。這種材料不僅防水，而且是本書作為「工業養分」的雛形，也就是說，本書可以被分解並無限地在工業流程中循環使用，一而再、再而三的製成「紙」及其他產品。

樹木是大自然造化的完美產物之一，在環環相扣的生態環境中扮演重要的、



＊　繁體中文版註：《從搖籃到搖籃》目前有十二種語言印刷出版，在美國出版的英文原版使用了無毒墨水，並在可回收的合成塑膠上印刷而成。兩位作者認為這種做法是很重要的，如此一來，這本書的存在可以成為書中宣揚理念的範本。至於繁體中文版，出版社已盡到最大努力，包括使用大豆油墨和環保紙印製，雖然仍舊無法完全避免紙張和墨水的材料及製程對環境和人體的影響。作者於本書第三章有更詳細的討論。

多方面的角色。正因如此，它成了我們思考問題的重要模型和象徵，接下來的篇幅會提到更多。但也正因如此，用樹木來製造像紙張這樣微不足道、使用壽命又短暫的物品，實在不是最佳選擇。我們正在尋求更有效的解決方案，使用替代材料製造紙張，表達出我們避免使用木材纖維來造紙的意願。這表示我們正朝向一種完全不同的設計概念和生產方式邁出一大步，這是一場新興的運動——我們稱之為下一波工業革命。這場革命肇基於自然界的有效性設計宗旨，基於人類的創造性和繁榮昌盛，基於尊重、公平和良善。它具有改變工業界和環保主義的強大力量。

## 邁向下一波工業革命

我們習慣把「工業」和「環境」二者視為對立，因為傳統的開採、製造和處理廢物的方法會對自然界產生破壞。環保人士通常認為破壞環境是工業的特徵，商業機制和工業化生產帶來的需求與增長都不可避免地具有破壞性。

另一方面，企業家認為環保是生產和成長的障礙。傳統的觀點認為要維持環境的健康，工業必須受到限制和法律規範，而工業要繁榮，就不會優先考慮自然界。看來，工業和環保無法在同一世界中共存。

消費者從上面論述中得到的環境意識，可能會讓人感到無奈和沮喪：我們不要再這麼破壞性、這麼物質化、這麼貪婪；盡你的一切努力去限制你的消費，不管這樣做會帶來多大的不便：少買東西，少開支，少用車，少生孩子——甚至不要孩子。現在主要的環境問題是全球暖化、森林減少、汙染、廢棄物，難道不正是我們頹廢的西方生活方式產物嗎？如果你打算對拯救地球有所助益的話，那麼你就得做出一些犧牲，靠著與別人分享資源，甚至不消耗資源來過活。很快的，你就會面臨到成長的極限，因為地球只有這麼少的資源可供消耗！

聽起來很可笑？

我們對自然環境和商業機制進行研究後的結果，認為事情可以不是這樣。我們其中的一位（麥唐諾）是建築師，另一位（布朗嘉）是化學家。當我們碰在一起，你可以說我們是光譜上對立的兩極。

## 麥唐諾的故事

在國外生活的經歷（最初是日本，我在那裡度過最初的童年）對我產生強烈的影響。我對日本的印象就是貧瘠的土地和資源，還有美麗的傳統日式建築房屋——紙糊的牆壁、濕漉漉的花園、溫暖的蒲團，以及霧氣蒸騰的澡堂。記憶中還有冬天的棉襖、砌有厚泥牆的農舍，冬暖夏涼的稻草房。後來，念大學的時候，我陪同一位研究都市計畫的教授到約旦，為居住在約旦河谷的貝都因人建造房子。在那裡，我發現當地資源更加貧瘠——食物、土壤、能源，尤其是水的匱乏之。但是我再一次被深深地打動，原來優秀的設計居然可以如此簡潔而優雅，並且與周圍環境渾然一體。貝都因人是游牧民族，他們用山羊毛織成帳篷，使得帳篷裡的熱空氣上升並散發出去，不僅蔭涼，還在帳篷裡形成了微風。下雨時，纖維組織膨脹，使得整個帳篷繃緊得像鼓皮一樣。這種帳篷攜帶方便，容易修葺，因為纖維工廠——羊群跟隨著貝都因人四處遊蕩。這種巧妙的設計，充分利用了當地資源，具有豐富的文化內涵，而且使用的原料簡單，與我的家鄉那種典型的現代化設計迥然不同，因為現代化設計幾乎不考慮使用當地的材料和能源。

返回美國後，我進入研究所學習。能源效率是設計者和建築師唯一考慮的「環境」問題。在上個世紀七〇年代，天然氣價格的飆升激起了人們對太陽能的興趣。我在愛爾蘭設計建造了第一座以太陽能供暖的房子（這確實是對我豪情壯志的考驗，因為愛爾蘭的陽光並不充裕），讓我體驗到將泛用理論和當地實作相結合的困難。專家對我提出的策略之一，就是砌一個巨大的石堆來蓄熱，在我堆積了三十噸岩石後才發現，這對愛爾蘭建築來說其實是多餘的，因為房子本身就有厚實的石頭牆。

研究所畢業後，我到紐約一家公司實習，這家公司以敏銳的、對社會負責的城市住宅設計而知名。後來，我在一九八一年創立了自己的公司。一九八四年，我們接受委託設計環境保護基金（Environmental Defense Fund）辦公室，這是第一座所謂的綠色辦公室。我負責室內空氣的品質，這課題幾乎還沒有人進行過深入研究。我們特別關注揮發性有機化合物、致癌物質，以及其他存在於油漆、壁紙、地毯、樓板和屋內設備中的物質，這些物質可能會降低室內空氣品質，或引發化學物質過敏症。由於這方面的研究資料很少，我們便求助於製造商，而他們卻告訴我們這些資訊不便對外公布，除了給我們一些法定材料安全數據中含糊不清的防護措施外，其他什麼資訊都沒有。那時我們盡了最大的努力：我們使用水溶性塗料，用大頭針來固定地毯而不是黏在地板上，提供每人每分鐘三十立方英尺而非五立方英尺的新鮮空氣，我們還檢測花崗石所散發出的天然放射性氡氣，使用可以永續採伐的木料。之所以做這些，只是為了對環境「減少破壞」。

大多數主流設計師都迴避其設計對環境的影響。而有環保意識的設計師，則使用去脈絡化的環保方案來解決問題，將新技術套在舊系統上，或者使用巨大的太陽能收集器，讓人們在酷暑難耐的夏天得以居住。這樣的結果是建築物往往醜陋而刺眼，並且常常不具成效。即便是現在，建築師和工業設計師開始利用回收或永續材料，也仍然是在做表面文章——選擇什麼材料看上去好看，什麼材料容易獲得，而且買得起。

但我希望的不僅是這些。有兩個計畫激發我嚴肅思考設計的出發點。

一九八七年，紐約猶太社區的成員要我設計一個大屠殺紀念館的建築提案，一個可以讓人們在那裡反省的空間。我參觀了奧許維茲和波克瑙*，體悟到人類邪惡意圖所帶來的後果：巨大的殺人機器。我意識到建築設計是人們自身意念的表達。我很好奇，設計師心中的美好願景是什麼？一座建築物該如何表現出這種美好願景？第二個計畫是為德國法蘭克福一個托兒中心設計建築提案，這一次又是把室內空氣質量擺在第一位。要設計一個對孩子們而言徹底安全的建築，尤其是處於安全建築材料並不存在的情況下，這究竟意味著什麼？

我疲於奔命地努力工作，憑藉著自己一股腦兒的熱忱，我想參與建築物的製造，甚至參與產品的製造。

## 布朗嘉的故事

我來自一個文學和心理學學者的家庭，而我會轉向化學這條路則是出於對中學化學老師的同情。（早在七〇年代，德國有一場關於殺蟲劑和其他有毒化學物品的政治辯論，我因而有理由向家人證明這是有意義的事。）我在大學學習環境化學期間，一位曾在「生態化學」方面擁有重要影響力的科特（Friedhelm Korte）教授，對我影響深遠。一九七八年，我成為「綠色行動未來黨」的創始人之一，「綠色行動未來黨」後來成為德國綠黨，而它的主要目標就是關注環境。



* 奧許威茲（Auschwitz）和波克瑙（Birkenau）：奧許威茲是納粹德國最大的集中營和滅絕營，在波蘭加利西亞奧許威茲附近。一九四〇年四月二十七日希姆萊下令建立第一個集中營，這就是「奧許威茲一號」集中營。一九四一年十月增設「奧許威茲二號」，即波克瑙集中營，在波克瑙村附近。黨衛軍在這裡建立大規模綜合滅絕設施，包括用毒氣殺人的「浴室」，儲放屍體的「屍窖」及焚屍爐等。據估計，在奧許威茲集中營內慘死的有一百～二百五十萬人，有人認為高達四百萬人。

在綠黨的工作讓我的名聲在環保人士中傳開來，那時的綠色和平組織還只是由一群缺少科學和環保研究正規背景的社會運動份子組成，他們邀請我加入。於是我主導了綠色和平組織的化學部，並且對組織的抗議活動提供更扎實的知識基礎，但我很快意識到僅僅抗議是不夠的，我們得建立一套可以有效促成改變的程序。我人生的重大轉折，肇因於針對Sandoz和Ciba-Geigy公司一連串化學物品外洩的抗議活動：在用滅火劑撲滅Sandoz工廠的一場大火後，滅火用的化學物品外洩到萊茵河裡，導致沿河超過一百英里的野生動植物大批死去。我組織了一場抗議活動，在這次抗議中，我和戰友把自己用鐵鏈綁在位於巴塞爾的Ciba-Geigy公司工廠煙囪上。抗議活動進行兩天後，Ciba-Geigy公司的董事長斯謝爾利（Anton Schaerli）先生用鮮花和熱湯迎接我們。雖然他對我們表達不滿的方式不表贊同，但是他一直很擔心我們，並且想傾聽一下我們的意見。

我向他解釋，我想以綠色和平組織的財力來創辦一家環境化學研究機構，計畫取名作「環境保護強制機構」（Environmental Protection Enforcement Agency，簡稱EPEA）。他對此頗感興趣，還建議將名字稍作改動，把「強制（Enforcement）」改為「鼓勵（Encouragement）」，這樣就顯得不那麼充滿敵對，而且對潛在的商業客戶更有吸引力。我接受了他的建議。

就這樣，我成了EPEA的主任，在幾個國家都設立了辦事處，並持續跟這家大公司保持聯繫。部分原因是由於Ciba-Geigy的主席考爾（Alex Krauer）的請求，我開始探尋歐洲之外的其他人類文明在處理養分流的豐富經驗，比如，巴西的雅諾馬馬人，他們將死去的人火化，把骨灰放到一種香蕉湯裡，在部落舉行慶祝宴會時食用。許多人相信輪迴和投胎轉世，你願意的話可以稱之為靈魂的「升級回收（upcycle）」。這種觀點拓寬了我對西歐傳統中廢棄物處理的思考空間。

但是，我還是很難找到對這些事情感興趣的其他化學家，更不用說找到有這方面經驗的同行了。大部分的正規化學教學內容仍舊排斥環保話題，而且從整體上來說，科學家把較多精力放在研究上，而不是致力於去制定能改變現況的政策。人們通常是資助科學的研究問題，而不是尋找解決方案，也難怪如此，因為找到問題的解決方案，帶來的常常是對這項研究資助的終結。這給科學家們增加了一種莫名的壓力，因為科學家畢竟是凡人，也要謀生。除此之外，科學家主要的養成訓練是分析問題而不是歸納問題。我可以告訴你塑化劑、PVC、重金屬和其他有害物質的成分，以及其潛在副作用，這些都是我在最初的研究中學到的。但是我的同事和我都缺少一種把這些知識應用到美妙設計中的遠見。我的世界觀缺少獨創性、變化性和豐富性。

我第一次遇見麥唐諾的時候，所有的環保人士正翹首以待一九九二年召開的地球高峰會（Earth Summit），這次高峰會的主題是永續發展和全球暖化問題。

工業界代表和環保人士屆時都會到場。那時，我仍然認為工業和環保注定水火不容，工業是「壞的」，而環保則在道德上遠遠勝過。我集中精力分析日常生活使用的危險物品，或者受到質疑的物品，像是電視機，希望設計出一種策略，能讓我們避免工業化所帶來最壞的後果。

我們在一九九一年相遇之初，正值EPEA在紐約的一個屋頂花園舉行招待會，慶祝其在美國的第一個辦事處成立。（請柬是用可生物分解的尿布紙製成，以突顯傳統用過即丟的紙尿布是垃圾掩埋場裡最主要的固體垃圾之一。）我們開始討論毒性和設計的問題。布朗嘉解釋了他的想法，他說要發明一種可生物分解的汽水瓶，內置一粒種子，瓶子在使用過後扔到地上能夠安全分解，而種子則會在土壤裡扎根發芽。招待會上歡聲笑語，人們翩翩起舞，於是我們的討論就轉向另一個現代製造業的產物：鞋子。布朗嘉開玩笑說，他的客人腳上都穿了致命廢棄物，當他們在屋頂粗糙的地面上旋轉跳舞時，正不斷地磨損鞋子，產生人們能夠吸入的微塵。他告訴大家，他參觀過歐洲最大的鉻提煉工廠（鉻是一種在大規模皮革製造流程中使用的重金屬），注意到工廠裡全是老人，大家都戴著防毒面具。監管人員向參觀者解釋，對於一個受到鉻汙染的工人來說，平均大約需要二十年的時間形成癌症，因此公司決定只讓年齡超過五十歲的工人從事這項危險工作。

布朗嘉指出，還有其他與傳統的鞋子設計相關的負面影響，「皮鞋實際上是生物材料（像皮革等可生物分解的材料）和技術材料（比如鉻和其他對工業有價值的物質）的混合物。以現行的製造和處理方法，在鞋子被丟棄後，兩種材料都無法重新利用。從物質和生態的觀點來看，一般鞋子可以採取更智能化的設計。我們探討設計一種用可生物分解的材料包裡的鞋底，能夠在使用後扯下。鞋子其他部分由塑膠和聚合物做成，這種材料對人體無害，而且能夠真正用於新鞋的製造中。

我們還談到，一般垃圾與工業和生物材料摻雜在一起焚燒時，會產生有毒氣體。正好這時，垃圾焚化爐裡的煙從附近屋頂上飄過來。我們想，為什麼不生產某種在消費者使用過後能夠安全焚燒掉的產品和包裝材料，而不是採取禁止焚燒的措施呢？我們憧憬著一個以保障後代健康為最高原則的工業社會，正如麥唐諾說的，為什麼不去設計對「所有物種的千秋萬代」都不產生危害的產品？

下面街道上，交通漸漸繁忙起來，典型的紐約塞車開始了：汽車喇叭發出刺耳的聲音，司機變得怒氣沖天，人們的精神到了崩潰邊緣。華燈初上，我們幻想著一輛悄無聲息的汽車穿梭在街道上，用的不是石化燃料，也不會排放有毒氣體，城市就像樹林一樣，涼爽而安寧。然而我們所到之處，碰到的產品、包裝材料、建築和交通的設計卻糟透了。於是我們明白，傳統對待環境的方式，即便出發點是最好的，技術是最先進的，也不能達到我們的目標。

這次會面之後，雙方都表示有興趣一起共事。於是在一九九一年，我們共同撰寫了〈漢諾威原則〉(*The Hannover Principles*)，也就是二〇〇〇年世界博覽會的設計指導方針，並在一九九二年地球高峰會的世界城市論壇上發表。其中的主要想法是打破「廢棄物」的概念，沒有東西是「廢棄物」——不是像當時環保人士所提倡的盡量減少，或者避免廢棄物——而是透過設計來徹底消除廢棄物。我們在巴西目睹了將這種理論在現實中應用的雛形：一個廢棄物處理花園，其本質是整個社區一個巨大的消化器官，把廢物轉化成食物。

三年後，我們創立了MBDC設計公司(McDonough Braungart Design Chemistry)。麥唐諾繼續他的建築設計志業，布朗嘉繼續在歐洲領導EPEA，我們兩個都開始在大學教書。但現在，我們集中精力把我們的理念付諸實踐，把我們的工作從化學研究、建築設計、城市計畫和工業產品與流程設計，轉移到改變工業本身。從那時起，我們的設計公司曾與許多企業及研究機構合作共事，包括福特汽車、Herman Miller辦公家具公司、Nike和SC Johnson等公司，還有許多市政府、研究機構和教育單位，一起來推行我們的設計理念。

我們生活在物資充足的世界中，人們對物質的消費肆無忌憚，沒有限制。在如何減少人類對生態的踐踏的討論中，我們提出了不同的觀點：為什麼不在產品和系統的設計中，充分展示人類創造性、文化和生產力的富足呢？這樣的設計充滿人類的智能，而且對生態安全，人類能夠因此為自己在生態圈留下的足跡感到高興，而不是懊悔。

試想，地球上所有的螞蟻加在一起，比人類加在一起的生物總量還要大。螞蟻在地球上辛勤地工作已經數百萬年了，牠們的生產力滋養著動植物和土壤。而人類工業文明臻至巔峰不過上百年歷史，卻為地球上幾乎每一個生態系統都帶來危害。大自然的設計沒有問題，有問題的是人類的設計。

# 第一章 CHAPTER 1 問題出在設計 A Question of Design

一九一二年春天，人類製造的最大移動物——一艘遊輪，正駛離英格蘭的南開普敦，朝著紐約航行。它簡直就是當時工業社會的象徵：一個展示技術、繁榮、奢華和進步最有力的證明。它重達六萬六千噸，鋼製的船體有四個街廓那麼長，每個蒸汽引擎都像一間房間那麼大，然而此時它正駛向一場自然世界的災難之旅。

這艘船就是鐵達尼號——船中巨獸，在船長、船員甚至許多乘客的心目中，鐵達尼號是永不沉沒的，似乎大自然沒有任何一種力量能傷它絲毫。

可能有人會說，鐵達尼號不僅是工業革命的產物，也是工業革命所創造的典型工業基礎設施代表。正像這艘有名的巨型遊輪，工業的基礎設施也是由野蠻的人造能源所驅動，這些能源的消耗正不斷地使資源枯竭、環境惡化。把廢物傾倒在水裡，把煙霧排放到空氣中，工業社會想按照自己的規則來運轉，而這與自然界的運行規則恰恰相反。雖然從表面上看，鐵達尼號是不可征服的，然而設計上的根本缺陷卻注定了悲劇和災難的發生。

## 工業革命簡史

假設指派你負責規劃工業革命，基於工業革命的諸多負面影響，你的任務將會是這個樣子——

設計一個生產體系：

- 每年向大氣、水和土壤排放上百億磅的有毒物質
- 生產有害物質，以致我們的後代子孫得長期加以防範
- 產出大量廢棄物
- 將無數有價值的廢棄物隨意棄置，布滿整顆星球，而且不可能再回收
- 要求制定成千上萬的複雜法規，目的不是從根本上保障人類與自然系統的安全，而僅僅是減緩受害的速度
- 以工作人數的多寡來衡量生產率
- 透過砍伐或挖掘開採自然資源來創造繁榮，然後再加以掩埋或者焚燒掉
- 減少物種的多樣性，破壞文化傳統

誠然，推動工業革命的實業家、工程師、發明家和其他社會精英並沒有想到會產生這樣的後果。事實上，工業革命完全不是人們設計出來的。它是逐漸成型

的，實業家、工程師和設計師極力解決伴隨著社會發展而來的問題，並在這個前所未有、充滿巨大和飛快變化的歷史時期，試圖把握所有可能有利可圖的機會。

工業革命起始於英格蘭的紡織工業，工業革命前的幾個世紀裡，農業一直是英格蘭的主要產業。農民種田，莊園和城鎮裡的作坊提供食物和商品，而工業只是一些個體手工匠耕種之餘的副業。然而在幾十年時間裡，這種依賴個體勞動力生產少量羊毛、棉布的田園工業，轉變成了依賴機械動力的工業體系，源源不斷地生產著紡織品，其中大部分是棉布而不僅是羊毛。

這場轉變是在新技術的不斷刺激下所產生的。在十八世紀中葉，個體手工業者在家裡紡織，即使手腳並用，每次也只能紡一根線。一七七〇年取得專利的珍妮紡織機把每次紡線的根數從一根提高到八根，然後是十六根，繼而更多。後來新型的紡織機能同時紡八十根線。其他機械設備的發明，如水力紡紗機和走錠精紡機，使生產效能以驚人的速度提高，有點像摩爾定律*中電腦晶片處理速度的變化，大約每十八個月成長一倍。

在前工業時代，紡織品的出口要靠運河和海上運輸，不僅速度慢，而且在惡劣的天氣裡也非常不安全，運輸必須承擔極大的責任和法律風險，在海上還有可能遭海盜襲擊。事實上，貨物能夠到達目的地已經是個奇蹟了。鐵路和輪船的發明使得產品能夠更快送達目的地，能夠運輸到更遠的地方。到一八四〇年，以前

* Moore's Law，由英代爾創始人之一摩爾（Gordon Moore）提出，每十八個月電腦晶片的效能將提升一倍。

每週生產一千件商品的工廠變得有能力每天生產一千件商品。因此，紡織業工人忙碌到沒時間去耕種，於是他們搬到城裡居住，因為那兒離工廠更近一些，他們和家人每天可以工作十二個小時甚至更久。城區因此不斷擴大，商品生產速度加快，城市人口激增。更多的工人、更多的產品、更多的工廠、更多的生意、更多的市場——這似乎成了當時的發展規則。

就像所有的社會變革一樣，工業革命也遇到了阻力。手工藝人擔心失去工作*，老經驗的布匠聚集成盧德派**，對新機器和那些操作新機器但毫無紡織經驗的工人們感到憤怒，他們搗毀節省勞動力的設備，使機器發明者的生活陷入困境，甚至有些人在被驅逐的過程中死去，有些發明家還沒有享受到新機器發明所帶來的回報，就在人們的唾棄中告別人世。這種對變革的抵制不僅影響到技術，甚至影響了人們的精神世界和對生活的憧憬。當時，在浪漫派詩人的作品中經常流露出對鄉村和自然景觀與城市之間差異日增的不滿，詩人克萊爾(John Clare)曾寫道：「城市啊……不過是隔絕世界及其美好事物的一座過度膨脹的監獄。」[1]藝術家和美學家們，如拉斯金(John Ruskin)和莫里斯(William Morris)對現代文明感到擔憂，現代文明的美學觀念和物質結構正受到崇尚物質主義的設計思想所左右。

工業革命還帶來了其他影響更深遠的問題。維多利亞時代的倫敦城，正如狄更斯說的那樣，是一座臭名昭彰「巨大而骯髒的城市」，不衛生的環境和受苦受



＊ 手工藝人代表在當時代表的是一種對立於現代化工業革命的傳統價值，每一件產品都獨一無二(不似工業量產的單調無趣)，擁有獨立的生命，並且有工匠傳承的文化使命，而且可能是使用環保(但也無效率)的製作方式，同時也導致低效的經濟成長和城市擴張。

＊＊ Luddites：十九世紀英國手工業者為破壞紡織機器而組成的集團。他們的運動始於一八一一年末在諾丁漢郊區開始，次年發展到約克郡、蘭開郡等，至一八一六年被取締。

1 John Clare (1793-1864), "Letter to Messrs Taylor and Hessey, H" in *The Oxford Authors: John Clare*, edited by Eric Robinson and David Powell (Oxford and New York: Oxford University Press, 1984), 457.

難的下層百姓成了這座新興工業城的標誌。倫敦由於空氣汙染（尤其是煤炭燃燒所排放的廢氣）而變得非常之髒，人們每天得更換袖口和衣領（在六〇年代的美國田納西州的查塔諾加市〔Chattanooga〕，甚至今天的北京和馬尼拉，人們還在重複著同樣的行為）。在早期的工廠和礦區等工業場所，人們認為物品是昂貴的，而人力是廉價的，因此成人甚至於兒童都在惡劣的環境下從事長時間的工作。

早期的實業家們，還有許多其他人，對人類的進步感到非常樂觀而且充滿信心。隨著工業化快速發展，其他的機構也相繼出現：商業銀行、證券交易所和商業印刷廠，這些機構為新興的中產階級創造了更多的就業機會，並將社會網路緊緊圍繞在經濟成長之上。更便宜的商品、公共交通、自來水和公共衛生設施、洗衣服務、安全的住房和其他便利條件的出現，使得人們無論貧富都可以擁有看似更為公平的生活條件。享受舒適不再只是有閒階層的特權。

工業革命雖不是人為預先設計的，但也絕非漫無目的，其根本目標正是經濟革命。受到占有資本此一欲望的驅策，實業家試圖盡可能高效能地製造產品，為最多人提供最大量的商品。在大多數工業部門中，這意味著從人力生產模式轉而朝向更高效能的機械化模式邁進。

就拿汽車來說，在一八九〇年代初，歐洲生產的汽車是靠個體承包商按照客戶的特定需求來手工製造的。[2]以巴黎的一家機床公司為例，當時這間公司恰巧是主要的汽車製造商，每年只生產幾百部汽車。它們都是奢侈品，是用手工一點一滴打造出來的。在當時，沒有測量和計量零件的標準體系，也沒辦法切割堅硬的鋼材，零件都是由不同的承包商來完成，透過高溫加熱使其堅固（這種做法常常會改變部件的尺寸），再逐一用剉刀加工，以便能夠與汽車其他上百個零件相配套。生產出來的零件不會有兩個是一模一樣的，也不可能做到。

亨利．福特在一九〇三年創建福特汽車公司前，曾經做過工程師、機械師、賽車製造商（他自己也參加賽車）。在生產了大量早期的汽車後，福特意識到，要為現代美國工人而不僅僅是為有錢人製造汽車，他必須以低廉的價格大量生產。一九〇八年，福特的公司開始生產具有傳奇色彩的T型車，也就是福特夢想的「能為百姓所擁有、使用最好的材料、雇用最好的人工製造、擁有現代工程技術所能達到的最簡潔設計的汽車……，價格如此低廉，任何能夠賺一份不錯薪水的人都買得起」。[3]

隨後的幾年裡，製造業從各方面來協助實現這個目標，它為汽車生產業帶來一場革命，迅速提高了效率。首先是集中生產，一九〇九年福特宣布公司只生產T型車。一九一〇年，公司搬到一個比原先大得多的廠房，在那裡可以使用電能作為動力，而且很多工序可集中在一個車間內完成。福特最有名的創新是發明了裝配生產線。在早期的生產過程中，引擎、車架、車體都是單獨組裝，然後再集

2 James P. Womack, Daniel Jones, and Daniel Roes, *The Machine That Changed the World* (New York: Macmillan, 1990), 21-25.

3 Quoted in Ray Batchelor, *Henry Ford: Mass Production, Modernism, and Design* (Manchester and New York: Manchester University Press, 1994), 20.

中到一起，由一組工人完成最終裝配。福特的創新在於材料送到工人面前，而不是讓工人走到材料跟前。在芝加哥牛肉加工業所使用的生產線基礎上，福特及工程師們發明一條流動的裝配線：把材料傳送到工人面前，在車輛沿著生產線移動時，以最有效率的方式讓每個工人重複單一的操作，如此便大大減少了勞動的時間。

這項發明和其他各項改進使得大規模生產這種普遍型汽車，T型車，成為可能。汽車可以在一個地方集中生產，同時組裝。效率的提高帶來了T型車成本的下降（從一九〇八年的八五〇美元下降到一九二五年的二九〇美元），汽車的銷售量也隨之暴增。在一九一一年引進裝配線以前，T型車的銷售量總計為三萬九千六百四十輛，至一九二七年累計銷售量達到一億九千五百萬輛。

標準化、集中的生產方式帶來的優勢是多方面的。最明顯的一點是，它能夠使實業家以更快的速度帶來更多財富。此外，人們把製造業看作是邱吉爾所說的「民主的軍火庫」，因為製造業的生產力是如此巨大，它能夠（像在兩次世界大戰中那樣）對戰況產生不可否認的潛在影響。大規模生產還有另一個民主化的結果：正如T型車所展示的，以前由於某種物品或服務的價格太高，一般人根本買不起，而現在價格急劇下降，因而有更多的人得以擁有。工廠裡新的工作機會和工資的增加改善了工人的生活水準。福特本人在這場轉變中扮演了很重要的角色。在一九一四年，一般工人每天的工資是二．三四美元，而他把工資提高到五美元，並指出「車是不會自己買車的」。他還把每日工時從九小時減到八小時。在縮短勞動時間的同時，事實上他也創造了自己的市場，並為整個業界提高了勞動標準。

從設計的角度來看，T型車是第一代實業家所追求的目標：要製造一種產品，它應該是令人嚮往的，能負擔得起，易於操作，而且隨處可見；它具有一定的使用壽命（直到再買一部新車）；並能快速、廉價地生產出來。按照這種設計理念，技術開發以增加「動力、精確性、經濟性、系統性、連續性和速度」為核心，使用福特的製程來大規模生產。[4]

由於很多明顯的原因，早期實業家的設計目標很具體，局限在實用、有利可圖、有效率和線性的設計目標。很多實業家、設計師和工程師並未把他們的設計當作經濟系統之外、一個更大系統的一部分，但是他們對世界的認知，有些地方卻是一致的。

## 「不為人所動的本質」

早期的工業生產依賴自然界中似乎取之不盡的資源，礦石、木材、水、糧食、牛、煤、土地，這些都是工廠為大眾生產商品所需的原物料，而且至今依

4 Ibid., 41.

然如此。福特的胭脂河（River Rouge）工廠是大規模生產的縮影，大量的鐵、煤、沙子和其他原物料從生產線一端進去，生產出新汽車。工業隨著工廠把資源轉變成產品而膨脹起來，農業侵占了草原，人們為了獲得木材和燃料而砍伐美好的森林。工廠也建在離自然資源很近的地方（今天，一間著名的門窗生產公司就建在以前被大樹環繞的地方，因為這些大樹可以用來製造門窗的框架），而且緊靠水源地，因為水既可以用於生產製造過程，又可以用於處理廢棄物。

在十九世紀，上述的行為剛出現時，環境的脆弱性還不是人們關心的話題。資源，看上去取之不盡，人們把自然當作「地球母親」，認為她永遠能夠創造出資源，吸納一切，並不斷繁衍著。即便像愛默生（Ralph Waldo Emerson）這樣有先見之明、擁有一雙細心觀察自然的眼睛的哲學家和詩人，也表達了同樣的信念。在一八三〇年代，他把自然描述成「不為人所動的本質：宇宙、空氣、河流、樹葉」。[5]許多人相信永遠都存在著一大片未受破壞的處女地。吉卜齡（Rudyard Kipling）和其他作家的流行小說經常提到，在此刻世界上正存在著、並將永遠存在著沒有開墾的土地。

而同時，西方也把大自然看成是一種危險的、野蠻的力量，有待馴化和征服。人類把自然界的力量看成是敵對的，因而總想在與大自然的鬥爭中取得控制權。在美國，開墾、征服邊疆地區對人們永遠都有一種神祕的吸引力，「征服」

5 Ralph Waldo Emerson, "Nature," in *Selections from Ralph Waldo Emerson*, edited by Stephen E. Whicher (Boston: Houghton Mifflin, 1957), 22.

無人之地被看作是一種文化，甚至是精神上的需要。

今天，我們對自然的認識已經有了明顯的變化。新的研究顯示，海洋、空氣、山川，還有生長棲息於其中的植物和動物，遠比早期開拓者所想像的還要脆弱。但是現代工業卻仍然按照人類在舊世界觀指導下制定的模式來運作。工業設計的目標中，既不考慮維護自然界系統的正常運轉，也沒有覺察到自然界中複雜、微妙的相互聯繫。我們今天的工業基礎設計，最根本的思維方式還是線性的，只關注生產產品，並講求快速、廉價地送到消費者手裡，對其他事情卻沒有太多的考慮。

毫無疑問，工業革命帶來了大量的、積極的社會變化。隨著生活水準的提高，人們的平均壽命也大幅延長。醫療保健和教育水平大大改善，而且這種社會福利正為越來越多的人所擁有；電力、通訊還有其他發明的進步，使人們的生活更舒適、更方便。技術進步為所謂的開發中國家帶來巨大的收益，包括提高了農田的生產率，大大地增加了收成，為日益增長的人口儲備足夠的食品。

但是工業革命的設計本身卻存在原則上的缺陷，它遺漏了一些重要的東西，因此導致毀滅性的後果傳到了我們這一代，同時也將在變革發生當時所形成的主導觀念流傳至今。

## 從搖籃到墳墓

假想現在你來到了一座典型的垃圾掩埋場前，舊家具、舊的室內裝潢廢棄物、地毯、電視機、衣服、鞋子、電話、電腦、合成產品和塑膠包裝，還有有機廢棄物和尿布、紙張、木塊、廚餘。這些物品大多由有價值的材料製成，這些材料需要人類花費物力和財力去開採和製造，這曾是上億美元的物質資產。實際上，可生物分解的物品如廚餘和紙張仍舊具有利用價值，它們在分解後能讓生物養分返回到土壤中。不幸的是，這些資產都被隨意地堆積在垃圾掩埋場中，價值未能得到再利用。它們是工業體系的最終產品，這種工業體系的設計是一種尋求線性、單方向的**從搖籃到墳墓**（**Cradle to Grave**）的模型。資源經過開採，製成產品賣掉，最後在某種「墳墓」中（通常是垃圾掩埋場或者焚化爐）處理掉。作為消費者，你可能對這個過程的末端很熟悉，因為你要為處理這些廢棄物負責。想想吧，人家把你當作消費者，但你真正消費的東西卻是很少的一部分：一點食物和水。其他所有的東西都是設計成讓你在用完之後扔掉的。但是，扔到哪裡了？從真正意義上來說，並沒有扔掉。

這種從搖籃到墳墓的設計思維，在現代製造業的設計中非常流行。據統計，美國用於製造耐用品所開採的資源，超過九〇%幾乎立即變成了廢物。[6] 有時，產品壽命也不長。與其大費周章找人來修理原先的舊款，還不如去買時下最貴的

6 Robert Ayres and A. V. Neese, “Externalities: Economics and Thermodynamics,” in *Economy and Ecology: Towards Sustainable Development*, edited by F. Archibugi and P. Nijkamp (Netherlands: Kluwer Academic, 1989), 93.

新款來得便宜。事實上，許多產品在設計之初就隱含了「過時」的因素，鼓勵消費者扔掉舊的，購買新的。而且，大多數人所看到丟棄在垃圾桶裡的廢棄物，只是諸多消耗材料的冰山一角：產品本身通常只包含用於製造和運輸它所需原物料的五％而已。

## 千篇一律的設計風格

因為構成工業革命的這種從搖籃到墳墓設計模式一直沒有受到質疑，即便是一些表面反對那個時代的運動，本身也顯示出它的缺陷。例如人們希望設計出一種放諸四海皆準的解決方案，這種思想在上個世紀成為主流的設計理念。在建築設計領域，這種理念以「國際風格」運動的形式體現出來，這場運動是由反對維多利亞時代建築風格的密斯，葛羅培斯和柯比意*在廿世紀最初的幾十年裡發起的（那時，哥德式大教堂仍然被設計與建造），它既有社會目標也有美學上的目標。他們希望在全球範圍內用乾淨的、極簡的、能滿足最基本要求的、不受財富和階級差異影響的建築，來代替那些不衛生和不公平的住房現狀：富人們住在裝飾豪華的地方，而窮人住在簡陋、有損健康的地方。有了運送大量玻璃、鋼材、水泥和消耗石化燃料的便宜交通運輸，工程師和建築師們便能在世界上任何一個地方建造這種風格的建築。



* 密斯（Ludwig Mies van der Rohe, 1886-1969），德國建築師；葛羅培斯（Walter Gropius, 1883-1969），德國建築師；柯比意（Le Corbusier, 1887-1965），法國建築師。他們是廿世紀前期現代主義建築「國際風格」設計運動的傑出代表，他們提出「少就是多」、「建築是居住的機器」等主張及其建築作品，對這場運動產生過巨大影響。他們於一九二八年在瑞士組織成立的國際現代建築協會（Congrés Internationaux d'Architecture Moderne; CIAM），對於「國際風格」設計運動起了推波助瀾的作用。於一九五九年在荷蘭奧特陸召開的該協會第十一次會議上，一些新一代建築師討論與比較了自己的作品，並批判了協會的程式化觀點，同時宣告協會停止活動。由此，一些國家掀起了否定該協會的浪潮。於一九七七年，世界上的一些建築師在祕魯首都聚會，提出要以比較客觀的態度來評價該協會的功過。

今天，這種「國際風格」漸漸演化成流於平庸的風格：呆板、單一、沒有地方特色（不考慮當地的文化、自然條件、能源和物質循環）的建築結構。這種建築物極少能反映一個地區的特點或者風格，如果在柏油加混凝土的「廠辦區」周圍還有一處沒受到破壞、優美的自然風景，就會顯得格格不入。這些建築的內部設計同樣令人感到乏味：密閉的窗子，嗡嗡作響的中央空調，雖有暖氣，但缺少陽光和新鮮空氣，還有統一式樣的日光燈照明。這些建築本來就是為了用來擺放機器而不是為人設計的。

「國際風格」的創始人原想表達對人類「平等」的希望。然而在今天，那些仍然使用這種風格的人卻是因為它簡單、花費不高，不需因地而異。不管是在冰島首都雷克亞維克還是緬甸仰光，它們可以在外表和功能上完全一致。

在產品設計中，泛用型設計的經典例子是大規模生產的清潔劑。儘管各地的水質不同，需求各異，但是主要清潔劑製造商還是只為美國或者歐洲設計一種清潔劑。比如說，生活在當地水質屬於軟水的消費者，像美國西北部，只需要少量的清潔劑，而生活在硬水水質區的消費者，比如西南部，就需要更多的清潔劑。但是在設計清潔劑時，廠商只考慮讓它們能夠起泡，能夠有效地去汙除垢，殺死細菌，而不管硬水還是軟水，是使用自來水還是泉水，還是使用溪中有魚的河水；也不管最終是否要排到汙水處理廠。製造商只是加入更多的化學去汙劑來消除不同環境條件下的差異。想想，如果清潔劑能夠洗掉油膩的菜鍋沉積了一天的油汙，那麼當這種清潔劑與魚類光滑的鱗或是植物的蠟質表皮相接觸時，會產生什麼樣的情況？經過處理的、和沒經過處理的廢水以及廢棄物排放到湖泊、河流和海洋裡，會發生什麼樣的情況？研究已顯示，來自家用清潔劑、去汙粉和藥品的化學物質，與工業廢棄物一起流進排水溝裡的汙水中，對水生生物有害，屆時會引起生物的基因突變和繁殖能力下降。[7]

為了達到泛用型設計來解決一切問題的目的，製造商的設計都是針對**最糟糕的情況**，也就是說，產品的設計總是以可能發生的最壞情況來考慮，因此總是能夠達到預期的效果。如此就可以保證產品適用的市場最大。這也反映了人類工業與自然界特殊的關係——人類在設計時總是針對最壞的情況，因為人類總是把大自然看作敵人。

## 蠻力

我們常常開玩笑說，如果第一次工業革命也有座右銘的話，那就是「如果蠻力起不了作用，表示你的力道還不夠大」。企圖把泛用型設計應用於千變萬化的各地條件和風俗，正說明了此一原則和其基本假設，就是自然應當被征服。為了使這種千篇一律的解決方案能夠順利實施，就必須借助化學的野蠻力量和對石化



7 Marla Cone, "River Pollution Study Finds Hormonal Defects in Fish Science: Discovery in Britain Suggests Sewage Plants Worldwide May Cause Similar Reproductive-Tract Damage," *Los Angeles Times*, Sep 22, 1998.

燃料的使用。

自然界一切活動都依賴來自太陽的能源，太陽能被認為是一種流動的、不斷再生的能源。但人類卻熱中於開採燃燒深埋在地球表面下的石化燃料和煤、石化物等，而以廢物焚燒和核反應堆產生的能量作為補充，這又會帶來新的問題。人類在做這些事情時，很少甚至根本就沒有關注到可以去利用、開發當地的自然能源流。通常人們只知道，「如果太熱或太冷，那就多加點石化燃料」。

你可能對全球暖化問題已經十分瞭解，它是由於人類活動導致大氣中的溫室氣體（如二氧化碳）不斷積累所造成。全球溫度升高導致全球氣候變化和現存氣候帶的遷移。大多數模式都預測未來的氣候會變得更惡劣：全球各地的溫差會變得更大，熱的更熱，冷的更冷，風暴也會更猛烈。大氣越暖，就會從海洋中蒸發掉更多的水分，形成強度更大、濕度更大、頻率越高的風暴，導致海平面上升，四季更迭紊亂，以及其他一連串的氣候變化現象。

全球暖化的事實不僅在環保人士間得到認同，工業領袖也承認了此事。[8]人類依賴用「征服」的方式來獲得能源，但全球暖化並不是讓我們重新審視人類依賴蠻力獲取能源的唯一原因。燃燒石化能源會排放微粒（微小的煙塵顆粒）到環境中，造成呼吸和其他健康問題。法規對空氣中危害人們健康的懸浮物也限制得越來越嚴格。[9]由於人們對石化燃料燃燒所排放危害健康的懸浮毒性物質，不斷



8 杜邦、英國石油、殼牌石油、福特、戴姆克萊斯勒、Texaco石油和通用汽車已經退出了全球氣候聯盟（Global Climate Coalition），一個由工業團體支持、並杯葛全球暖化理論的組織。

9 美國環保局同樣增加法令條例，指出在已汙染地區上風處的製造廠商也要遵守這些地區的法規管理。See Matthew Wald, "Court Backs Most EPA Action in Polluters in Central States," *The New York Times*, May 16, 2001, and Linda Greenhouse, "EPA's Authority on Air Rules Wins Supreme Court's Backing," *The New York Times*, Feb 8, 2001.

深入研究，新的法規因此得以推行。如果工業界仍舊沿用現行的工業體系，將會使自己處於非常不利的地位。

除了這些重要的原因之外，用蠻力開採能源作為長期主導策略，也非明智之舉。你每天的開銷並不會全依賴你的儲蓄，那麼人類為什麼還要依賴「地球的儲蓄」來滿足所有的需求？很明顯，隨著時間的推移，石化燃料的獲得將會越來越困難（而且更昂貴），在太古的岩層上去鑽探出幾百萬桶的石油也不能解決根本問題。在某種意義上，有限的能源資源（比如從石化燃料提煉的石化產品）應該看作一筆因應不時之需的保險金，一種留作緊急使用的東西，需要節制地使用，像是醫藥用途。而對於我們大多數單純的能源需求活動，人類可以從豐富的太陽能中獲得。每天，太陽能都以太陽光線的形式到達地球表面，其能量是人類活動所需能源的幾千倍。

## 文化的單一

在目前的製造和發展模式下，多樣性作為大自然不可或缺的一部分，常常被當作設計目標的假想敵，是對設計的威脅。蠻力和泛用設計常常會扼殺自然界和文化的多樣性，導致單一和貧乏。

拿建造一座常見的房屋過程來說吧。首先，建造者要砍倒樹木，把地基上面所有的東西都挖去，一直挖到黏土層或者原狀土。然後用機械把泥土夯實成水平面。樹木遭到砍伐後，自然的植被和動物群不是被破壞，就是嚇跑了。一座座千篇一律的低俗豪宅或者集合式住宅拔地而起，與四周格格不入，房屋周圍甚至還種植了五公分厚的外來物種草皮。這樣建造的房子很少考慮周圍的自然環境——冬季如何利用陽光取暖，如何利用樹木擋風、防熱、禦寒，如何保持土壤與水源現在和未來的潔淨。

普通的草坪就像一頭有趣的牲畜：人們種植草坪，然後使用人工肥料和對人類有害的殺蟲劑來促進生長，並保持整齊劃一，便於人們修剪成希望的樣子。可憐那些高昂結實的小黃花，也難逃砍頭的厄運。

大多數現代城鎮不是圍繞著自然或者文化景觀開始規劃，而只是簡單地擴張，就如人們常說的像癌細胞一樣擴散，並在擴散過程中清除環境中的一切生命，替自然景觀鋪上一層層瀝青和水泥。[10]

傳統的農業也趨向這條道路發展。位於美國中西部商業玉米產地的目標，就是用最省事、省時、省錢的方式，生產出盡可能最多的玉米，即工業革命的第一條設計目標：最大效率原則。今天，大多數傳統的玉米生產都是集中使用高度專業化的、雜交的，還有可能是基因改造的玉米種。他們推廣只適合某種特定玉米品種的單一耕作方式，而實際上，這種玉米甚至不是真正的物種，而是高度雜交



10　一九九六年，紐約周遭的都會區，馬路、建築物、停車場和無人居住區——這些非滲透表面的面積占三〇%。約三十年前，這個數字是十九%。到二〇二〇將變成四五%。See Tony Hiss and Robert D. Yaro, *A Region at Risk: The Third Regional Plan for the New York—New Jersey—Connecticut Metropolitan Area* (Washington, D.C.: Island Press, 1996), 7.

栽培得來的變種。種植者在耕作過程中剷除其他植物，導致水土流失，而採用免耕農業*則需要使用大量除草劑。傳統的玉米種因為產量不能滿足現代商業需求而瀕臨絕種。

表面上看，採取這些策略對現代工業甚至對「消費者」來講都是合理的，但內在和外在都有很多問題。為了能夠更快生產出更多的糧食（也就是為使生產更加有效率），許多實際上能夠為農作物種植帶來益處的要素，都被人們從生態系統除掉。比如，耕作時所除掉的植被能夠防止水土流失和洪水的危害，能夠保持並恢復土壤，還可能給一些昆蟲鳥兒提供巢穴，其中有些昆蟲或鳥兒還是某些農作物害蟲的天敵。而現在，隨著害蟲漸漸對殺蟲劑產生了免疫力，牠們的數量反而因為天敵的消失而大幅增加。

一般殺蟲劑的設計，則是不考慮後果而使用化學蠻力的代表，農人和環境都要為此付出永久的代價。儘管生產殺蟲劑的公司警告農人慎用殺蟲劑，但是公司卻在不經意間促使這些產品的濫用，甚至誤用，最後導致土壤、水和空氣的汙染。

在這樣一個靠人工來維持的系統裡，害蟲的天敵和其中一些處在食物鏈上的植物、有機生物被清除掉了，必須使用更多的化學蠻力（殺蟲劑，化肥）來維持系統的穩定性。土壤變得貧瘠、鹽鹼化，人們擔心化學物質的侵蝕，而不願生活



* No-till farming，一種耕作技術，只翻動播種於其中的溝或穴中的土壤，保留前茬作物的殘株碎片以保護苗床。這種耕作法可減少土壤受到侵蝕的速率，減少機械、燃料和肥料的使用，有效減少田間管理的時間。免耕農業選擇使用除草劑來消滅雜草。

在農田周圍。現代農業非但沒有帶來美學和文化上的享受，反而為那些希望居住在健康環境中的當地居民帶來了恐慌。雖然經濟上的收益立刻提高了，**但實際上這個系統各方面的整體品質卻在下降。**

在這裡，問題不在農業本身，而在於農業生產的狹隘目標。一窩蜂去種植單一作物，急劇地減少了整個生態系統相互的關聯和影響。[11]時至今日，傳統的農業仍舊像科學家埃爾利希（Paul and Anne Ehrlich）和霍頓（John Holdren）幾十年前說過的那樣，是「生態系統的簡化模型，基於幾種農作物，用相對簡單的人工自然群體來代替相對複雜的自然生態群體」。[12]但是，這些簡化的系統本身並不能夠靠自己生存下來。諷刺的是，經過這種簡化，我們必須使用更多蠻力，使系統達到原先的設計目標。如果農業中不使用化學物質和現代的農業控制模式，農作物將會退化（一直到各種不同的物種逐漸重新競相崢嶸，生態系統的複雜性才能恢復）。[13]

## 活動等同於繁榮

有一個很有趣的實例：一九九一年埃克森石油公司在瓦爾迪茲（阿拉斯加南部港口城市）的石油外洩事件，使得阿拉斯加的國民生產總值增加了。威廉王子灣區的經濟增長更加興盛，原因是很多人都去清除外洩的石油，進而帶動餐廳、



11 Wes Jackson指出，牧場草原和以前一樣，因為其多樣性和草地，事實上比現代農業每公頃產生更多的碳水化合物和蛋白質。但是傳統農業並未發展這一豐富的生態系統。

12 Paul R. Ehrlich, Anne H. Ehrlich, and John P. Holdren, *Ecoscience: Population, Resources, Environment* (San Francisco: W. H. Freeman, 1970), 628.

13 許多讚揚古老複雜性和生產力的有機農業正在世界各地發展，其主要是進行動物和植物的輪耕制。詳見Sir Albert Howard, J. I. Rodale, Masanobu Fukuoka, Joel Salatin和Micheal Pollan的著作。Wes Jackson認為，另一個「自我平衡」農業（非單一栽培）的範例是艾米許人的農作方法。

旅館、商場、加油站和商店的經濟繁榮。

國民生產總值只考慮一種衡量進步的方式：活動，經濟活動。但是任何有判斷力的人都不會把石油外洩當作是一種進步吧？某些報導指出，瓦爾迪茲事件導致生物死亡數量比美國歷史上任何一次人為的環境災難都要多。根據一九九九年的政府報告，受到石油外洩影響的二十三種動物中，只有兩種得以恢復。對於魚類和野生動物的影響直到今天仍然存在，如腫瘤、基因變異，還有其他後遺症。這場石油外洩還導致文化財富方面的損失，包括五個州立公園，四個州立瀕臨絕種物種的棲息地，和一個州立野生動物禁獵區。魚類產卵和生長的重要棲息地也受到了危害，也許因此導致一九九三年威廉王子灣的太平洋鯡魚群消失（大概是由於石油外洩導致的病毒感染）。這場外洩使得漁民的收入遭受重大損失，更不用說為人們精神和健康上帶來不可估量的影響。

將國民生產總值作為衡量社會進步的標準，是形成於自然資源看似無限豐富，「生活品質」意味著高經濟標準生活的時代。但是如果繁榮只是用不斷增加的經濟活動來判斷，那麼車禍、就醫、疾病（比如癌症），還有有毒物質的外洩等等，就都可稱為繁榮的表現。資源的耗竭、文化的衰微、社會和環境方面的負面影響、生活品質的下降——如果這些社會病態同時發生，整個社會都會倒退，然而這些全部都被一個過分簡單化、只表明經濟運行良好的數字掩蓋了。[14]全球



14 For an in-depth discussion of the GDP's failures and a presentation of new measurements for progress, see Clifford Cobb, Ted Halsted, and Jonathan Rowe, “If the GDP Is Up, Why Is America Down?,” *Atlantic Monthly*, Oct 1995, 59.

各國都在竭力促進經濟活動的增加，以便能在用國民生產總值來評量的「發展進步」中占據一席之地。但是在經濟進步的競賽中，社會活動、生態影響、文化活動，還有它們長期的影響，都被忽略了。

## 拙劣產品

現代工業的設計目標是製造出具有吸引力的產品，讓消費者能夠買得起，且符合法規，性能良好，經久耐用，可以滿足市場期望。這樣的產品既能滿足製造商的希望，又能滿足一些消費者的期待。但是從我們的觀點來看，產品設計如果未能特別考慮人類和生態的健康，就是愚蠢的、粗俗的，我們稱之為**拙劣產品**。

比如說，一般大量生產的聚酯纖維衣服和一隻普通的飲水瓶都含有銻——一種有毒重金屬，在某些情形下會致癌。即使暫時把這種物質是否會造成危害這個問題擱置一旁，作為設計者，我們要提出的問題是：為什麼會含有這種物質？這是必需的嗎？實際上，並不是必需的。銻是聚合過程的催化劑，對於聚酯纖維的生產並不是必需的。當這種丟棄的產品經過「回收」（其實該說「降級回收」），並和其他材料混合在一起時，會產生什麼？當它與其他垃圾一起焚燒，作為炊事用燃料時（這種事情在開發中國家經常發生）又會如何？焚燒使得銻變得可以被生物吸收，也就是說，能夠透過呼吸過程吸入人體內。如果聚酯纖維可能作為燃料使用，我們需要能夠安全燃燒的聚酯纖維。

聚酯纖維衣服和飲水瓶都是所謂「產品附送有害物質」的例子：作為購買者，你得到了想要的產品或服務，也同時獲得附送品：你不想要的、也並不知道產品中含有的添加物，這些添加物可能有害於你和親人的健康。（也許T恤標籤應該註明：**本產品含有有毒染料和催化劑。請不要冒汗工作，否則有害物質會侵入您的皮膚。**）而且，這些額外的成分對產品本身來說，可能也不是必需的。

從一九八七年起，我們一直在研究來自主要製造商的各種產品，比如電腦滑鼠、電動刮鬍刀、一種流行的掌上型電視遊樂器、吹風機，還有方便攜帶的CD隨身聽。我們發現，在使用過程中，所有這些產品都散發出導致畸形或癌症的化合物（某些已知能導致新生兒畸形和癌症的物質）。有一種電動攪拌器釋放出的化學氣體會被蛋糕中的奶油分子吸附，結果這些化學物質就會被帶進蛋糕中。[15]因此，要小心了：你可能在不經意間就把家用電器散發的物質一股腦兒吃進肚子裡。

為什麼會發生這種事？原因是高科技產品在製程中常常採用低質材料，也就是廉價的塑膠和染料。製造商在全球尋找成本最低的供應商，盡可能相隔半個地球之遙。這就意味著即便是美國和歐洲禁用的物質，也能以產品或零件的形式從別的地方輸入到美國或歐洲。舉例來說，有致癌作用的苯，儘管在美國的工廠中

15 Michael Braungart et al., "Poor Design Practices—Gaseous Emissions from Complex Products," *Project Report* (Hamburg, Germany: Hamburger Umweltinstitut, 1997), 47.

已經禁止用作溶劑，但仍然可以透過在開發中國家製造的橡膠產品通過海運輸入美國，因為在開發中國家，有致癌作用的苯未被禁用。這些橡膠產品可能會安裝到你的跑步機裡，一旦當你運動時，那些被「禁用」的物質就會釋放出來。

許多高技術產品，如電子設備和電器，一件產品是由來自很多國家的零組件組裝而成，如果這樣的話，問題就更嚴重了。製造商未必瞭解（也沒有要求他們必須知道）這些零組件中到底含有什麼物質。一個在美國組裝的運動器材，其中的橡膠帶可能來自馬來西亞，化學材料來自韓國，馬達來自中國，黏著劑來自台灣，木材來自巴西。

這些拙劣產品會帶給你什麼影響？其中之一便是造成室內空氣品質不良。在工作場所或是家裡，這些拙劣產品（不管是電器、地毯、壁紙接著劑、油漆、建築材料、隔熱材料，還是其他什麼東西）的綜合作用，使得室內的空氣汙染比室外還嚴重。一項對家庭室內汙染物的研究顯示，超過半數的家庭室內存在七種有毒化學物質，這些物質能讓動物致癌，而且疑似也能讓人體致癌，其標準已超過美國環保局超級基金*決定是否對重汙染住宅區土壤進行風險評估的底線。[16]過敏症、哮喘和「病態大樓症候群」**的發病率正在上升。然而目前實際上還沒有制定針對室內空氣質量的強制性標準。[17]

即便看似專為兒童設計的產品也可能是拙劣產品。一項針對兒童所使用由



* Superfund，此基金運用在受有害廢棄物汙染之場址的復育。

16 Wayne R. Orr and John W. Roberts, "Everyday Exposure to Toxic Pollutants," *Scientific American*, Feb 1998, 90.

** Sick Building Syndrome，美國環保局與國家職業安全衛生研究所對「病態大樓症候群」的定義是：「建築使用者待在某特定建築期間所感受到的急性健康問題或不適，然而卻無法診斷出特定疾病或原因。」而使用者離開建築物後，不適的症狀很快會得到紓解。

17 正在瑞士立法。

PVC材料製造的游泳臂圈分析指出，[18]游泳臂圈散發出有潛在危害的物質，包括在加熱狀態下會產生氫氯酸（鹽酸）。其他有害的物質如塑化劑鄰苯二甲酸（plasticizing phthalates），則可能在兒童接觸的過程中加以吸收，在游泳池中發生這種情形尤其應提高警覺，因為兒童的皮膚要比成人的皮膚薄十倍，遇到水後皮膚容易起皺紋，這正是吸收有毒物質的理想條件。你在購買游泳圈時，又一次不小心購買了「附送有害物質」的產品：你得到了孩子需要的漂浮設備，也同時「附送」你不想要的有毒物質，這個「贈品」一點也不划算。當然，這也不是製造商在製造兒童安全設備的意圖所在。

你也許會對自己說，「我怎麼沒有發現小孩子因為使用塑膠浮板或者去游泳池而生病」。雖然不是每個人都會得到那些顯而易見的疾病，但是有些人卻因此產生過敏或化學物質過敏症，以及哮喘，抑或僅僅感覺不舒服而不知道為什麼。即使我們並未感到不舒服，但經常與致癌物質如苯和氯乙烯（vinyl chloride）接觸，也是不明智的。

你這樣想：每個人都會遇到來自內外的壓力，這些壓力會使身體自然產生癌細胞（根據統計，每人每天產生約十二個癌細胞），身體產生癌細胞的原因是人體接觸重金屬和其他病原體等等。我們的免疫系統能夠處理一部分壓力。簡而言之，你可以把那些癌細胞想像成你的免疫系統正在表演雜耍球。通常情況下，表

18 Braungart et al., "Poor Design Practices," 49.

演雜耍的人技術很熟練，能夠讓球保持在空中而不落下，也就是說，免疫系統能夠捕捉並破壞那十到十二個癌細胞。但是空中的球越多（也就是身體被更多各式各樣的有毒物質所包圍），那麼球落地的可能性就越大，複製細胞犯錯的機率就越大。很難說是哪一個分子或壓力因素，就會把人的免疫系統推向極限。但是在人們並不需要也不想要的情況下，為什麼不盡量避免這些有負面作用的刺激？

有些工業化學物質還能產生另一種效果，比導致壓力更險惡：它們削弱免疫系統的作用，就像是把表演雜耍的人一隻手綁在背後，這麼一來，免疫系統在癌細胞帶來問題前就更難抓到它們。最致命的化學物質不但破壞免疫系統，**同時**還會損害細胞。現在，表演雜耍的人只有一隻手，他努力著，試圖讓不斷增加的球保持在空中而不落下。但是他的表演還能那麼準確無誤、動作優雅嗎？為什麼要冒著做不到的風險呢？為什麼不尋找機會去增強免疫系統，反而去削弱免疫系統呢？

我們這裡的討論僅僅集中在致癌的話題上面，但是這些合成物質還可能帶來其他科學上有待探究的後果。像是內分泌干擾物質*，這在十年前連聽都沒聽說，現在已是眾所周知對生物最具損害的化學合成物之一。[19]在現代工業生產和使用的大約八萬種化學物質中，迄今為止人們僅就其中大約三千種物質對生物系統的影響做過研究。



* Endocrine disrupters; EDs，俗稱環境荷爾蒙。

19 See Rachel Carson, *Silent Spring* (1962; rpt. New York: Penguin Group, 1997), and Theo Colburn, Dianne Dumanoski, and John Peterson Myers, *Our Stolen Future*, for an indepth look at the effects of synthetic chemicals on human and ecological health.

讓時光倒流，聽起來很誘人，但是再來一次工業革命，也不可能回到某種理想化、工業化前的狀態，比如說所有的紡織品都用自然纖維製造。當時，纖維都是能生物分解的，不需要的碎布片就可以扔到地上讓其分解，或者當作燃料安全燒掉。但是，能夠滿足現在地球上人口需求的自然材料已經不復存在。試想：如果幾十億人都想要以天然纖維為織料，並且使用天然染料染製牛仔褲，人類就得把幾百萬英畝的土地用於種植木藍屬植物和棉花，才能滿足這種需求，而這些土地本來是用於生產糧食的。此外，即使是「自然」產品，對人類和環境也未必是健康的。木藍屬植物也是在單一耕作條件下種植，缺乏基因多樣性。你只是想改變一下牛仔褲，並不想改變基因。自然界創造的物質，毒性也可能非常強，其中一些在進化過程中並不是專門為人類使用而設計的。即便是像清潔飲用水這樣無害且必需的東西，如果你被淹沒其中超過幾分鐘，也會溺死。

## 讓悲劇延續，還是選擇革新

今天的工業基礎設施，其設計宗旨是追求經濟增長，卻以犧牲其他至關重要的事情——人類和生態的健康、文化和自然財富，甚至以犧牲精神上的享受和愉悅為代價。除了少數的正面效應外，大多數工業過程中使用的方法和材料都會導致自然資源的枯竭。

然而，正如過去的實業家、工程師、設計師和發明家並不是有意帶來這些破壞性的結果，那些今天仍然沿襲這些模式的人也不是有意要毀滅這個世界。垃圾、汙染、拙劣產品，以及其他前述的諸多負面影響，並不是企業想要做一些道德敗壞的事，而是過時和愚蠢的設計帶來的後果。

拙劣設計造成的損害確實存在，而且非常嚴重。現代工業正在將工業化文明所取得的成就，一點一滴地抹煞掉。舉例來說，食品儲量增加了，因此更多的孩子能夠吃飽，但是也有更多孩子餓著肚子去睡覺。即便是營養良好的孩子也常常處在一些會引起基因突變的物質危害下，癌症、哮喘、過敏症，以及其他工業汙染和工業廢物引起的併發症，我們還能說自己取得什麼樣的成就呢？這種大規模的拙劣設計造成的影響將會越過我們這一代繼續流傳，所謂「遺臭萬年」，我們今天的行為會危害後代子孫。

也許有一天，某個製造商或設計師可能會決定：「我們不能再這樣繼續下去了。我們不能夠繼續支持和維繫這個系統了。」也許有一天，他們會更願意為後代留下一筆有益的設計遺產，但那一天什麼時候到來？

我們所說的「那一天」就是「現在」，然而到了第二天又把「現在」拋在腦後了。

一旦你瞭解到這種毀滅正在發生，除非你做些事來改變現況，即使你從來就沒有企圖要造成這種毀滅，但你已經捲入這場陰謀中了。你可以繼續走這條老路，或者你可以設計並走向**革新之路**。

也許你以為那條可行的革新之路已然存在，不是已有「綠色」、「環保」和「生態效率」等運動正在開展嗎？下一章我們將詳細分析這些運動，看看這些運動及其提供的解決方案。

第二章 CHAPTER 2

# 減少破壞，並不會變好

## Why Being "Less Bad" Is No Good

為了減少工業發展對環境造成破壞而開展的運動，可以追溯到工業革命剛開始的時候。那時，工廠的破壞性和汙染性都非常強，為了避免患病乃至死亡，人們不得不加以控制。從此，人們對於工業破壞的普遍反應是盡力尋找「減少破壞（less bad）」的解決方式。這種解決方式常使用一些特定的字眼，比如：**減少**、**避免**、**最小化**、**維持**、**限制**、**制止**等。長期以來，這些耳熟能詳的字眼成為大多數環境議程，特別是當前工業界關於環境議程的核心。

馬爾薩斯（Thomas Malthus）就是早期一位報憂不報喜的黑衣信使，他在十八世紀末警告說：人口將呈現幾何級數的增長趨勢，這將帶給人類毀滅性的後果。對於那些因為早期工業的快速發展而沉浸在無比興奮之中的人來說，工業革命大大拓展了人類的潛能，增強了人類按照自己的宏偉藍圖改造地球的能力，即使人口增長，也是件有益的事，所以馬爾薩斯的觀點在當時並不受歡迎。馬爾薩斯所預見的，並不是偉大而光輝的進步，而是黑暗、匱乏、貧窮和饑荒。他在一七九八年出版的《人口論》一書中，對堅持人類「完善性」觀點的烏托邦散文家葛德文

（William Godwin）進行抨擊。馬爾薩斯寫道：「我也研讀了一些有關人類和社會完善性的理論。這些理論所描繪的誘人圖景，使我頗感興奮和愉快。」但是「人類的繁殖能力遠大於土地提供人類生產、生活資源的能力，所以死亡一定會提前以某種方式降臨到人類頭上。」[20]由於他的悲觀主義論調（以及建議人們應該控制情欲），馬爾薩斯變成一個受盡嘲諷的笑話。即使到現在，他的名字仍被視為消極狹隘世界觀的代名詞。

在馬爾薩斯冷靜地描繪人口、資源的慘澹未來時，也有些人開始注意到，隨著工業的擴張，自然界發生了變化（包括精神層次的變化）。比如英國浪漫主義作家華茲華斯（William Wordsworth）和布萊克（William Blake），他們的作品體現出自然所能夠激發的精神和想像力深度，他們大膽地反對聲勢漸漲的機械論*社會。美國的瑪什（George Perkins Marsh）、梭羅（Henry David Thoreau）、繆爾（John Muir）、利奧波德（Aldo Leopold）及其他作家將這種文學流派延續至十九和廿世紀，並擴展到了新大陸。這些來自荒野的聲音遍及緬因州的森林、加拿大、阿拉斯加、美國中西部和西南部，他們將熱愛的風景蘊涵於文字之中，為荒野的毀滅而惋惜，並且堅定了梭羅提出的著名信念：「世界保存在荒野中」。[21]其中，瑪什是認為人類會對環境施加持久破壞的先知之一，利奧波德則預料到今日環保主義所提出的罪惡感：



20 Thomas Malthus, *Population: The First Essay* (1798) (Ann Arbor: University of Michigan Press, 1959), 3, 49.

* Mechanistic，唯物主義的一種，認為所有的自然過程都能從物質運動方面來解釋。機械論擁護者主要關心的是：要把那些不能觀察的、不能用數學方法處理的神祕性質，從科學中排除。

21 Henry David Thoreau, "Walkin" (1863), in *Walden and Other Writings*, edited by William Howarth (New York: Random House, 1981), 613.

當我把這些想法印刷出來時，我正在協助砍伐森林；當我在咖啡中加入奶油時，我正協助把一片濕地排乾放養乳牛，甚至帶來了巴西的鳥類滅亡；當我開著我的福特汽車去打獵時，我則是在破壞油田，並為了獲得我需要的橡膠而讓帝國主義復辟。不僅如此，當我生育兩個以上的孩子時，我是在創造更多對紙張、奶油、咖啡和汽油等的無限需求。為了滿足這些需求，於是更多的鳥類、樹木和花草遭到扼殺或者被趕出它們的生存空間。[22]

於是一些人就開始創建相關的保護協會，比如山巒俱樂部（Sierra Club）和荒野協會（Wilderness Society）等，盡量保護荒野免受工業增長的影響。這些先驅者的著作，激發了一代又一代的環保人士和自然愛好者為了保護環境而不斷努力。

但直到一九六二年，瑞秋．卡森（Rachel Carson）的著作《寂靜的春天》（*Silent Spring*）出版，這種依戀和熱愛荒野的浪漫主義風格，才開始真正具有科學基礎而引起世界的關注。那時，環保意味著保護環境免受明顯的毀壞——砍伐森林、毀壞礦藏、工業汙染以及其他可見的損壞——並設法特別保護像新罕布夏州的白山，和加州的優勝美地瀑布這樣的珍稀景觀。但是卡森認為，事實上存在更多暗藏的危害，她描繪了一幅沒有鳥鳴的景象，並指出人造化學藥品——尤其是



22 Quoted in Max Oelshaeger, *The Idea of Wilderness: From Prehistory to the Age of Ecology* (New Haven: Yale University Press, 1992), 217.

DDT這樣的殺蟲劑——正在吞噬著自然。

儘管花了十年時間，《寂靜的春天》終於促使美國和德國開始禁用DDT，並且引發一場關於工業化學藥品危害環境的持續爭論。它使得一些科學家和政治家開始介入環保事業，並組織了一些團體，比如：環境保護基金、國家自然資源保護委員會（Nature Resources Defense Council）、世界野生動物協會（World Wildlife Federaction; WWF）和德國環境自然保護聯盟（the Germen Federaction for Environmental and Nature Conservation, BUND）等。環保人士不再只關心保護，也開始關注監督和減少有毒物質。於是，日益減少的荒野、不斷匱乏的資源，以及汙染和有毒廢棄物，成了環保人士主要的關注領域。

同時，馬爾薩斯的理論繼續得到了有力的支持和認同。一九六八年，在《寂靜的春天》出版後不久，現代環境保護論的先驅，史丹佛大學傑出的生物學家埃爾利希，出版了一本馬爾薩斯主義的警世名著——《人口炸彈》。在這本書中，他斷言上個世紀的七〇和八〇年代將會是人類史上一個資源短缺、饑荒不斷的黑暗時期，在這時期「上億人口將餓死」。[23]同時，他指出了人類將大氣層作為垃圾場的惡習，質問道：「我們非得惡性不改、看到結局才肯罷休嗎？在這場環境的俄羅斯輪盤中，我們能夠贏得什麼？」

埃爾利希和他的妻子安妮繼第一本書後，於一九八四年又出版另一本書——

23 Paul R. Ehrlich, *The Population Bomb* (New York: Ballantine Books, 1968), xi, 39.

《人口爆炸論》。在這本著作中，他們對人類發出第二次警告，並斷言「如果說那時是引線在燃燒的話，現在人口炸彈已經引爆了」，「在引起地球不穩定的若干潛在因素中，最根本的原因是人口過度增長及其對生態系統和人類社會產生的負面影響」。該書的第一章以「為什麼別人不像我們這樣恐懼？」為題，對人類提出兩個緊迫的建議：「盡可能以人道的方式停止人口增長」並且「將增長型的經濟系統轉向永續的、低人均消耗的經濟系統」。[24]

現在，經濟增長帶來的負面影響已成為環保人士議論的主題。一九七二年，在埃爾利希發表第一部和第二部警世著作之間，都尼勒，邁都斯和羅馬俱樂部（由國際一流經濟學家、政治家和科學家組成的團體）共同發表了另一個嚴重的警告——《成長的極限》。許多學者注意到，由於人口增長和工業破壞，資源開始急劇減少，因而針對這一現象提出「如果世界人口增長、工業發展、環境汙染、食品生產、資源損耗的增長速度保持不變，全球的增長將會於下個世紀的某個時段內達到極限。最終可能的結果，將是人口和工業發生突然的、不可遏制的衰退。」[25]二十年後，羅馬俱樂部又出版了一本《超越極限》，提出更多警告：我們應「在最低限度下利用不可再生的資源」，「防止對可再生資源的侵害」，「最有效地利用所有資源」以及「減慢甚至停止人口和物質資本的指數化增長」。[26]

一九七三年，舒馬克出版了《小即是美：以人為念的經濟學》，從哲學的高

24 Paul R. Ehrlich and Anne H. Ehrlich, *The Population Explosion* (New York: Simon & Schuster, 1984), 9, 11, 180-81.

25 Quoted in Donella H. Meadows, Dennis L. Meadows, and Jorgan Sanders, *Beyond the Limits: Confronting Global Collapse, Envisioning a Sustainable Future* (Post Mills, VT: Chelsea Green, 1992), xviii.

26 Ibid., 214.

度提出解決成長問題的辦法，他認為「經濟無限成長，人人都想擁有越來越多的財富，直到完全滿足，這種想法需要嚴重質疑」。除了贊成使用小規模的、無破壞性的技術「扭轉正在威脅全人類的毀滅性趨勢」以外，舒馬克還指出：人類對財富和進步的認知必須徹底改變，「越來越大的機器，導致經濟力越來越集中，從而對環境造成越來越大的破壞，但這並不代表進步——這是對智慧的否定。」同時，他宣稱，真正的智慧「只能在自身的思想中找到」，它使人可以「明白完全致力於追求物質的生命是多麼的空虛和失望」。[27]

在這些環保人士不斷提出警告的同時，有些人也對消費者提出減少對環境造成負面影響的建議。一九九八年，萊恩菲爾德和瑞瑟在他們的著作《減少使用：可行的環境解決方法》中提出最新建議：消費者應該在減少對環境產生負面影響的行動中覺醒，作者認為：「最簡單的道理在於所有受人矚目的環境問題，都是由不斷增長對商品和服務的消費引起的。」[28]這種西方文化中貪婪的衝動與對毒品和酒精的沉溺相似，「就像阿斯匹林，回收只是減輕了一場宿醉——過度消費。」「減少環境影響的最好辦法，不是更多的回收，而是更少的生產和處置。」

向生產者和消費者提出種種恐嚇和建議的傳統由來已久，但是，要企業本身真正去聽取這些建議，卻花了幾十年。事實上，直到九〇年代，才有企業家開始認識到需要關注環境問題。農業公司Monsanto的董事長兼執行長夏普羅（Robert



27 Fritz Schumacher, *Small is Beautiful: Economics as if People Mattered* (1973; rpt. New York: Harper and Row, 1989), 31, 34, 35, 39.

28 R. Lilienfield and W. Rathje, *Use Less Staff: Environmental Solutions for Who We Really Are* (New York: Ballantine Books, 1998), 26, 74.

Shapiro）在一九九七年接受採訪時說：「我們以前所認為沒有限制的發展，實際上是有極限的，我們正在接近這個極限。」[29]

一九九二年在斯特朗（Maurice Strong）等人的聯合倡導下召開了里約熱內盧地球高峰會，旨在關注環保問題。共一六七個國家代表團出席了會議，來自世界各地的與會者大約三萬人，其中包括了一百多位國家元首或政府首腦。會議針對日益顯著的環境衰退問題共商對策。但是令很多人失望的是，會議並未能達成約束性的文件。（據說斯特朗曾嘲諷地說：「會上雖然有許多國家元首，但卻沒有真正的領導者。」）儘管如此，與會的工業界人士還是提出了生態效率這一重要的策略，希望用清潔、快速、低噪音的引擎改造工業用機器，在盡量不改變工業結構和不損失企業利潤的情況下，盡力挽回工業破壞環境的聲譽。該策略意在把工業從一個只知攫取、製造和排放汙染的系統，改造成為一個同時考慮經濟、環境和道德的系統。現在，全球工業已經把生態效率視為改革策略的重要選項。

什麼是**生態效率**（**eco-efficiency**）？這個詞最初的含義是「用更少製造更多」，其淵源可追溯到工業化時代早期。亨利．福特堅持推行精簡清潔的營運策略，利用減少廢棄物，並透過節省時間的生產線，為效率設立了新標準，替公司節省數百萬美元。他在一九二六年寫道：「你必須盡可能地利用動力、材料和時間」。[30]這句話被絕大多數同時代的執行長奉為信條，並自豪地懸掛在辦公室牆

29 Joan Magretta, "Growth Through Sustainability: An Interview with Monsanto's CEO, Robert B. Shapiro," *Harvard Business Review* (Jan-Feb 1997), 82.

30 Quoted in Joseph J. Romm, *Lean and Clean Management: How to Boost Profits and Productivity by Reducing Pollution* (New York: Kodansha American, 1994), 21.

上。有系統地論述效率與環保之間關聯的最著名文章，可能要屬一九八七年由聯合國世界環境與發展委員會發表，題為《我們共同的未來》的研究報告。該報告提出，如果我們不加強汙染控制，人類健康、社會財富和生態系統都將面臨嚴重的威脅，城市生活將令人難以忍受。在該委員會的改革議程中寫道：「應該鼓勵工業和工業生產更有效地利用資源，減少汙染和廢棄物排放，並盡可能利用可再生資源來取代不可再生資源，把對人類健康和環境不可逆轉的不利影響最小化。」[31]

五年後，永續發展商務委員會（Business Council for Sustainable Development）正式提出生態效率這一概念。該組織由四十八家企業贊助，包括Dow化學製品（Dow Chemical）、杜邦、Conagra和雪佛龍等大型跨國公司，旨在為地球高峰會引入商業觀念。該委員會從企業發展實踐角度提出了改革方案，將重點放在企業從這種新的生態觀念中能獲得什麼，而不是企業如果保持現有方式會帶給環境什麼危害。該委員會在高峰會上發表了研究報告《改變方向》（*Changing Course*），強調生態效率對於長期保持企業競爭力、實現永續發展的重要性。委員會的創始人之一，施密特哈尼（Stephan Schmidheiney）預測：「在未來十年，如果一個企業沒有生態效率概念，是不可能具有競爭力的，使用更少的資源、排放更少的汙染，可以為商品或服務增加更多價值。」[32]



31 World Commission on Environment and Development, *Our Common Future* (Oxford and New York: Oxford University Press, 1987), 213.

32 Stephan Schmidheiney, "Eco-Efficiency and Sustainable Development," *Risk Management* 43:7 (1996), 51.

事實上，生態效率的概念進入工業界的速度比施密特哈尼預料的還快，而且成就非凡。採納生態效率理念的公司與日俱增，包括一些著名企業如Monsanto、嬌生，和3M（其「汙染者付費」的運作方式，早在一九八六年生態效率還未成為常識時就已開始實施）。在這場運動中，家庭和企業都逐步接受了著名的3R理念——減量（Reduce）、再利用（Reuse）、回收（Recycle）。當然，生態效率所能產生的可觀經濟效益也吸引了企業，比如，3M公司宣布到一九九七年為止，汙染控制措施已為公司節省了超過七．五億美元，其他公司也宣稱藉由生態效率的管理而省下了巨額資金。[33]生態效率理念的傳播，降低了資源和能源的消耗，減少了廢棄物排放，不僅對環境也對公眾心理產生了正面影響。如果你聽說杜邦公司自一九八七年以來排放的可致癌化學物質減少了近七十％，相信你的感覺會好很多。[34]從上面的敘述，我們似乎可以認為：講求生態效率使工業對環境有益，公眾也可以減少對未來的恐懼。真的是這樣嗎？

## 減量、再生、回收和法規

減量原則是生態效率的核心。無論是減少有毒汙染物的生產或排放，還是降低原物料的使用，或者削減產品尺寸（在工業界稱作「集約化」），都屬於減量原則的範疇。但是這些行為並沒有停止耗竭資源和破壞環境，只是放慢了破壞速



33 3M, "Pollution Prevention Pays," http://www.3m.com/about3m/environment/policies_about3p.jhtml.

34 Gary Lee, "The Three R's of Manufacturing: Recycle, Reuse, Reduce Waste," *Washington Post*, Feb 5, 1996, A3.

度，使其以小幅的增量在更長的時間內進行破壞。

例如，減少工業有毒物質和廢棄物的排放，是生態效率中的重要目標。這目標似乎無懈可擊，但是現在的研究結果指出，即使只是排放很微量的有毒廢棄物，在將來也會帶給生態系統災難性的後果，尤其是對生物內分泌系統紊亂的干擾——科學家已在現代塑膠製品和其他消費品中發現，有多種工業化學品的環境荷爾蒙可為人類和其他生物體所吸收。在《我們被偷竊的未來》一書中，將某些人造化學品對環境的影響做出了首次驚人報導。作者考伯恩、杜馬納斯克和邁瑟斯告誡人們：「極其微量的環境荷爾蒙活性物質就可對生物造成多種嚴重損壞，尤其是對那些在子宮內就能接觸到這些物質的生物尤為嚴重。」書中還特別指出，關於工業化學品危害的研究僅集中在癌症上，其他危害性的研究才剛剛開始。[35]

另一項關於微粒的研究聲稱，[36]粉塵可以附著在肺上對人體產生損害。粉塵是在焚燒和燃料燃燒過程中釋放出的微小物質，例如發電廠和汽車燃料的燃燒，都會釋放出大量粉塵。一九九五年哈佛大學的一項研究發現，美國每年有十萬人口死於粉塵。雖然已有相關規章限制粉塵的釋放，但是這些法規直到二〇〇五年才正式開始實施（此外，就算立法可以減少粉塵的排放數量，但是少量的細微粉塵排放仍然是個問題）。



35 Theo Colborn, Dianne Dumanoski, and John Peterson Myers, *Our Stolen Future* (New York: Penguin Group, 1997), xvi.

36 Mary Beth Regan, “The Dustup Over Dust,” *Business Week*, Dec 2, 1996, 119.

減少廢棄物常用的方法是焚燒，這種方法曾經被認為比垃圾掩埋更健康衛生，而且被能源效率理念的支持者譽為「化廢為能」。但在焚化爐中燃燒的廢棄物，只有部分材料是可燃的，比如紙張和塑膠。然而，這些材料在設計時從未考慮過安全焚燒的問題，它們在焚燒時會釋放出戴奧辛和一些其他有毒物質。在德國漢堡發現從焚化爐中逸散出的塵埃，使得附近有些樹木的樹葉吸附大量重金屬，以致這些樹葉必須被焚燒掉，這樣就導致了雙重的惡性循環：一方面有價值的材料如剛才提到的金屬，在生物體內聚集，造成可能的危害；另一方面這些材料造成了浪費，也許工業將永遠無法再利用它們了。

空氣、水和土壤都無法安全地吸收我們排放的廢棄物，除非這些廢棄物是安全且可以完全分解的。即使是水域生態系統也無法透過蒸餾淨化，使那些危險的廢棄物達到安全標準。我們對工業汙染及其對自然系統的影響知之甚少，所以「減速慢行」成為長期的安全策略。

開發廢棄物再生市場，也使工業界和消費者都感到環境獲得改善，因為成堆的垃圾不見了。但是在很多情況下，這些廢棄物及其所含的有毒物質只是轉移到另一個地方。在一些開發中國家，汙水淤泥可回收用來製造動物飼料，但是傳統排水系統所處理的汙水，當中的淤泥含有化學物質，作為任何動物的食物都是不健康的。同時，汙水淤泥也用來製作堆肥，以利用其中的養分，但同樣的，其中含有有毒物質，比如戴奧辛、重金屬、內分泌干擾物質、抗生素等，並不適合作肥料。即便是一般人使用回收紙製成的衛生紙而產生的汙水、淤泥，也可能含有戴奧辛。除非能透過特別處理使其最終成為自然和安全的材料，否則這類堆肥也會帶來問題。一些所謂可生物分解的城市垃圾，如包裝材料和紙張，在堆肥過程裡，材料中的部分化學物質和有毒物質就會釋放到環境中。即使這些有毒物質僅是少量存在，這種做法也不安全，有時候將這些材料掩埋也許危害更小。

那麼，什麼是**回收**？正如我們所看到的，大多數的回收都是一種**降級回收**，材料品質會隨著時間推移而每況愈下。例如，當（寶特瓶和礦泉水瓶之外的）塑膠回收時，會和其他塑膠混合產生出一種低品質的混合物，用來製成一些不規則形狀的廉價產品，像是公園長椅或者減速丘等。金屬也採降級回收。例如，用於製造汽車的高品質鋼材具有高碳、高強度的特點，但回收時這些鋼材與汽車的其他零件一起熔化，其中包括汽車電纜中的銅、汽車表面的油漆和塑膠。這些材料不可避免地降低了回收鋼材的品質。當然，我們也可以在這種混合物中再添加高品質的鋼材，增加其強度以便繼續利用，但是它的材料品質已經不足以再次製造新車。同時，如銅、錳、鉻這樣的稀有金屬，以及油漆、塑膠和其他零件，原本具有工業價值的高品質狀態，在混合後就消失了。目前，還沒有一項技術可以在回收處理前，將汽車表面的聚合物和油漆、汽車金屬等完全分離。因此，即使一輛汽車在設計時就已經考慮到如何拆解，其中的高品質鋼鐵在技術上也不能實現封閉式循環。在工業生產中，從銅礦石裡提煉一噸銅要產生上百噸的渣滓廢物。實際上，某些回收合金中，銅的含量要高於銅礦石中的銅含量。而銅的存在卻又使鋼的硬度下降。如果企業有辦法回收這些銅，而不是在降級回收中不斷丟棄它們，那將是一件多麼有價值的事情。

同樣地，鋁也是一種有價值的金屬，但長期以來也採取降級回收。常見的易開罐中含有兩種鋁，罐筒是含鎂的鋁錳合金，表面有保護層和油漆，罐蓋是鋁鎂合金。可是傳統的回收將這些材料一起熔化，生成的產品強度降低，用途也減少。

在降級回收中損失的價值和材料並不是唯一值得關切的問題。事實上，降級回收還增加了生物圈內的汙染物。例如，由於熔入回收鋼鐵中的油漆和塑膠含有有毒化學物質。將廢鋼冶煉成建築用再生鋼材的電弧爐，已經成為戴奧辛的主要排放源，這是所謂的「環保」產生的副作用。而且，各種降級回收的材料性能比原來的材料差，常常需要添加更多化學物質以再次提高材料的可用性。例如，當某種塑膠熔化和混合後，原來塑膠中保持強度和韌性的聚合物鏈變短了。於是，這種回收塑膠的材料性能已發生改變（韌性、透明度和強度都已下降），需要加入一定的化學或礦物添加劑，才能達到期待的性能。因而降級回收的塑膠比原始塑膠含有更多添加劑。

由於紙張在最初設計生產時並未考慮到回收問題，所以若要再次成為一張白紙，需要進行大量漂白和其他化學處理。這些處理產生的混合物含有化學物質和紙漿，有時還含有毒性油墨，而這種油墨不適合再處理和使用。這種回收利用的紙張由於纖維變短，頁面就沒有原來的那麼光滑，摩擦時甚至會產生比原來還多的大量粉塵，吸入後會刺激鼻道和肺部。已經有些人對用再生紙印刷的報紙產生過敏反應。

現在，鼓勵人們使用降級回收材料製造的新產品，儘管原本是一番美意，但很可能是一種誤導。例如，很多人認為，購買用回收塑膠瓶再生纖維製成的衣服是對生態環保的支持，是有益環境的明智之舉。但是卻不知回收塑膠製成的纖維中含有很多有毒物質，比如金屬銻、催化剩餘物、紫外線穩定劑、可塑劑和抗氧化劑等，這些物質都不適合直接與人體皮膚接觸。此外，利用再生紙製造絕緣材料也是當前的趨勢，但是製程中必須添加額外的化學物質（例如為防止發黴而使用的殺真菌劑等），才能使降級回收的紙張適用於製造絕緣材料，而這種做法使其中的毒性油墨和其他汙染物引發出更嚴重的問題，因為這種絕緣材料可能會在室內釋放出甲醛和其他化學品。

所有這些案例中，回收的問題已經取代了其他設計時應考慮的問題。因為回收利用的材料並不等於是對生態無害的材料，尤其是當這種材料在設計時就沒有特別考慮回收問題時。如果盲目地採用表面文章似的環保方式，又沒有清楚地瞭解其產生的影響，這樣不僅無益，可能比不回收利用帶來更大的危害。

降級回收的另一個壞處是商業成本提高。這是一個複雜混亂的轉化過程，因為它企圖將材料最初設計的壽命延長。而且這過程本身也要消耗能源和資源。歐洲立法要求由鋁和聚丙烯（polypropylene; PP）製成的包裝材料應予回收。但這些包裝盒在設計時就沒有考慮要回收製成新的包裝盒，所以遵守這條法令帶給工廠額外的營運成本。這些使用過的包裝材料往往要降級回收，製成一些低品質的產品，直到最終被焚化或掩埋。在這個案例和其他很多案例中，生態保護措施成了工業的負擔，而不是一種有所回報的選擇。

在《倖存的系統》一書中，城市規劃專家、經濟思想家珍．雅各描述了人類兩種基本的文明症候群，她分別稱之為「監管」和「商業」[37]。「監管」的主體是政府，它最初的目的是為了保護公眾。但慢慢地變成了一種病症，儘管這種病症是慢性的，但是很嚴重。政府保留了殺戮的權利——也就是說，這種病症會引起戰爭。雖然它代表公眾利益，而且它的本意是盡力避開商業（以監控既得利益者之間的利益交換）。

另一方面，商業是一種日常的、即時的價值交換。其主要途徑是流通貨幣，這說明它的即時性。商業是迅速地、高度創造性地、不斷尋求短期或長期利益，



37 Jane Jacobs, *Systems of Survival: A Dialogue on the Moral Foundations of Commerce and Politics* (New York: Vintage Books, 1992).

而且它仰賴誠實的美德：你不會和不值得信任的人做生意。這兩種症候群的結合會使事情變得問題叢生，珍．雅各用「怪誕複合物（monstrous hybrids）」來形容。金錢，作為商業的工具，會使監管腐化；而法規，作為監管的工具，則使商業速度放慢。舉一個例子：製造商在法規要求下，可能要付出更多的金錢去改進產品。但是他的商業客戶卻需要產品廉價並且交貨迅速，可能不願意承擔額外成本。於是他們會試著逃離監管，像是境外交易。而這不幸地違背原先制定法律的意圖，反倒為那些不受管制的、可能存有潛在危險的產品提供了競爭優勢。

對於試圖監管整個業界的管理者而言，最容易的解決方法是那些可以大規模實施的方法，例如所謂的「事後補救（end-of-pipe）」，這個方案直接針對加工流程中產生的廢棄物和汙水。對那些由於材料本身或加工過程中釋放氣體使室內空氣質量下降的情況，管理者可以要求企業增加通風，或送更多新鮮空氣進入室內，從而稀釋並淨化排放的氣體，以達到一個能夠接受的標準。但這種稀釋汙染的解決方法只是一種過時的、低效的方法，並沒有對引起汙染的設計進行審核，所以，問題的根本癥結在於，不合理的材料設計與不適合室內使用的系統潛在危害仍然存在。

同時，珍．雅各還發現兩種症候群的「怪誕複合物」還有其他問題。例如，「監管」的法規用懲罰的方式強迫企業服從，但卻很少獎勵採取主動措施的企業。由於法規制度常常只採用非黑即白的解決方法，而不要求更深層次的設計來回應，也從不直接鼓勵尋求創造性解決問題的辦法。而且，法規制度使環保人士和工業界產生對立。因為法規制度帶有懲罰性，對企業家造成煩惱和負擔。而環境目標通常是監管者強加於企業，或者被簡化成在商業核心運作方法和目標之外附加的衡量標準，所以企業家通常認為環境保護根本無利可圖。

當然，我們不是要譴責那些為了保護公眾利益而立法、執法的人。因為，即使工業設計是愚蠢且具有破壞性的，法規還是可以減少很多直接的有害效應。但是追本溯源，法規的存在說明了設計的失敗。事實上，當前的法規可稱為「傷害許可證」：政府頒給企業的許可，允許企業在一定「可接受」的限度上排放對環境與社會的危害──疾病、破壞和死亡。但是，正如我們接下來要談的，一個好的工業設計根本不需要這種法規。

從表面上看，生態效率是一種良好的甚至高尚的理念，但不是成功的長期策略，因為無法達到足夠的深度。生態效率的功能僅限於引起環境問題的汙染體系之中，只不過是用懲罰措施和道義準則減緩了危害，為公眾描繪出一幅環境改善的幻象。事實上，依賴生態效率來進行環境保護只會適得其反；它會讓工業在不知不覺中，靜靜地、不斷地、完全耗盡所有的資源。

還記得我們在第一章中提到對工業革命重新進行設計嗎？如果我們對講求生態效率的工業也進行相似的考察，可能會得出如下結論——

設計一個生產體系：

- 每年向大氣、水和土壤排放**更少**的有毒物質
- 用**更少**的工業活動帶來更大的經濟繁榮
- **遵循**成千種法規的約束，以防止人類和自然系統太快被毒害
- 生產**更少**危害極大的材料，以免後代將不得不生存在恐懼之中，並得時刻保持警惕
- 產出**更少**無法回收的廢棄物
- **減少**在這顆星球上到處挖洞掩埋有價值的材料，因為根本沒機會再回收利用

所以，說穿了，生態效率只是使工業這個古老的破壞性系統減少一些破壞而已。在某些情況下，它甚至為害更大，因為它對環境的影響是微妙而長期的。因為對生態系統而言，經歷一次迅速的、幾無倖存的崩潰，比經歷緩慢的、處心積慮的有效破壞，更有希望重新恢復健康和完整。

## 生態效率的目標是什麼？

眾所周知，在「生態效率」這個字眼出現前，工業一直將效率視為美德。但是，面對這樣一個破壞力十足的系統，我們不得不質疑它不斷追求效率的目標何在。

讓我們來打量一棟具有能源效率的建築。例如，德國在二十年前，一座普通住宅用於取暖、製冷和炊事的耗油標準為每年每平方公尺三十公升。而現在，隨著高能源效率建築的出現，這個數字已經下降為一．五公升。更好的封閉方法（比如在有可能漏氣的地方使用塑膠密封，減少外部空氣進入）和小型密閉窗的使用，使能源效率提高。所有這些策略都希望能夠將系統最佳化，以減少能源浪費。但對節儉的屋主來說，減少了室內外空氣的對流，其實也增加了室內空氣的汙染——來自家中拙劣的設計和產品。當室內空氣品質由於這些拙劣產品和建築材料變差時，人們最需要的是有更多、而不是更少的新鮮空氣在建築內循環。

過度追求效率的建築也很危險。幾十年前，土耳其政府設計並建造了一批廉價的公寓和房屋，為了追求「效率」，在工程中盡可能少用鋼鐵和水泥。不幸的是，一九九九年地震期間，這些房屋都倒塌了，而那些舊的、被視作「沒效率」的房屋卻安然屹立。從短期看，人們在房屋建造上節省了資金，但是如果我們長期考量，就會發現這種效率策略是危險的。如果與傳統住宅相比，這種廉價而有效率的住宅需要人們承受更多的危險，那麼又能裨益這個社會什麼？

此外，有效率的農業也可能會不斷損害當地的自然風景和野生生物。前東德與西德就是很好的對比。東德平均每英畝小麥的產量僅為西德的一半，因為西德的農業生產更現代化，更有效率。但是東德那種「沒效率」的老式農業對環境更有益，大片的濕地沒有因為單一耕作而被排乾、侵占，更多的稀有生物得以保留——比如，東德有三千對鶴，而發達的西德卻僅有兩百四十對。同時，這些天然的沼澤和濕地是生物繁殖、養分循環，以及水吸收淨化所必需的基地。但令人心痛的是，現在整個德國農業效率不斷提高，於是更多的濕地和其他動植物的棲息地遭到摧毀，物種滅絕的速度也隨之上升。

具有生態效率的工廠通常被視作現代製造業的楷模。但事實上，他們只是將汙染物用較不明顯的方式加以擴散開罷了。那些生態效率低的工廠，它們沒有用高煙囪將汙染物排放到遠處，而是汙染當地。由於當地的汙染是可見的，所以相對來說易於控制，因為只有釐清所面對的問題，才可能警覺、害怕，並採取措施。而那些所謂有效率的破壞則因為不易發現，更難以控制。

從哲學的角度來講，效率本身沒有獨立價值，而是取決於所依存的系統。[38]比如，一個高效率的納粹份子是非常可怕的。如果目的不正當，效率可能使破壞變得更加難以察覺。

最後重要的一點是，效率並無多少樂趣可言。一個效率所主宰的世界，它的每一步發展都僅僅是為了實現狹隘的實際目的，而美麗、創造、幻想、快樂、靈感以及詩意，就只能統統丟在一邊。實際上，純粹效率所創造的只是一個毫無吸引力的世界。讓我們來想像一個完全有效率的世界：美味的義大利晚宴變成一顆紅色藥丸和一杯具有人造香味的飲水，莫札特只用八個音階彈鋼琴，梵谷只用一種顏色作畫，惠特曼的長篇《自我讚歌》被一紙囊括。那有效率的性愛又會是什麼樣子？一個有效率的世界遠非我們所想像的那麼令人愉快，與大自然相反，有效率的世界極其吝嗇。

我們並不是要指責**所有**的效率。如果效率僅僅是作為一種工具，在更大而有效的系統中實施，並且實施的目的是為了對許多問題都產生正面效應，而不單單是經濟效益，那麼，這樣的效率確實是有價值的。此外，效率如果作為一種過渡性的政策，幫助目前的系統減速並轉向，也是有價值的。但是，只要現代工業還具有如此的破壞性，僅僅試圖減少其破壞性反而成為一種致命的局限。

這種促使工業「減少破壞」的環境解決方案，會在重要的議題上發揮關鍵作用，繼續引導公眾注意並激勵研究。但是，它們提出的結論用處不大。這些傳統的環境保護方式將注意力集中在什麼**不可以**做，而沒有提出真正令人鼓舞、興奮的改革方法。這種只知禁止的環保方式如同對集體犯罪進行懺悔，就像西方文化



38 For an interesting discussion of the “value” of efficiency, see James Hillman, *Kinds of Power: A Guide to Its Intelligent Uses* (New York: Doubleday, 1995), 33-44.

所熟悉的為死者誦讀祈禱詞。

在早期社會，悔改、贖罪和獻身，是人們對於如自然那種複雜而令人無能為力的系統所產出的普遍反應。於是，社會就在神話的基礎上發展出信仰體系，在這個體系中，惡劣的氣候，饑荒或疾病都意味著人類觸怒了天神，所以祭天被認為是一種可以平息天怒的方法。甚至直到現在，在有些文化中，人們仍認為必須供奉有價值的物品祈求天神賜福，才能重建穩定與和諧。

環境破壞本身就是很複雜的系統——它四處蔓延，其深刻的原因很難被發現和理解。像我們的祖先一樣，我們也懷著恐懼和內疚，做出本能的反應。並且，我們也在尋找途徑進行自我淨化——「生態效率」運動提供很多途徑，最小化、避免、減少或放棄享受，消費更少、生產更少。人類被指責為唯一一種使地球負擔超過其承受能力的生物；有鑑於此，我們必須縮小我們的存在、系統、活動、甚至人口，縮小到幾乎不可見的地步(那些堅信人口是問題根源的人，甚至認為人類應該停止生育)。從而實現零目標：零廢棄物，零排放，零「生態足跡」。

只要人類被認為是「具有破壞性」的，那麼，零目標不啻是個好目標。但是，「減少破壞」的思維意味著接受現實，相信那些設計拙劣、不公允、具有破壞性的系統，就是人類所能做到最好的。這正是「減少破壞」這個解決方案之所以失敗的根本問題，是想像力的失敗。在我們看來，這種思維對於人類與這世界的關係上，描繪了一幅沮喪的景象。

那麼，一個完全不同的模式可能是什麼樣子？完美無缺的方式又是什麼樣子？

# 第三章 CHAPTER 3 生態效益 Eco-Effectiveness

這是關於三本書的故事。

第一本書是我們所熟悉的。它寬約十五公分，長約二十公分，精緻而便於攜帶，白紙黑字，分外清晰，有著彩色的書衣和精裝硬紙板封面。從許多方面來看，它都是一件考慮到攜帶方便性和使用耐久性、蘊涵著設計者智慧的物品，就像幾百年前即出現的古書一樣。成百上千的讀者把它從圖書館借出來，在床上、火車上、海灘上閱讀欣賞。

雖然外表精美，功能完善並且經久耐用，但是這本書並不會永遠留存。既然把它帶到海邊來閱讀，我們也就不期待它能永久保存。這本書一旦被扔掉，將會怎樣呢？它的紙張取自木材，為了供我們閱讀，自然界的生物多樣性和土壤被逐漸消耗殆盡。它的紙張是可生物分解的，但是那些清晰地印在紙上和書衣上形成鮮豔圖案的油墨中卻含有碳黑和重金屬。它的書衣並不是真正的紙張，而是多種材料的混合物，既含有木漿、聚合物和塗料，也有油墨、重金屬和鹵類碳化氫。因此，這本書不能安全地製成堆肥，也不能焚化，因為一旦焚化，將產生人類迄今為止所創造出最嚴重的致癌物質——戴奧辛。

再來看看第二本書。用現在的眼光看，這本書應當也很令人熟悉。它的外觀形式和普通書並無二致，但紙張是暗灰色的，很薄，而且上面還有不少細孔。沒有書衣、封面和內頁都只是單色印刷。這樣看起來也許有點單調，但是它那樸實無華、「對環境友善」的外形卻深得環保人士的賞識。的確，這本書是一個致力於體現生態效率的產物。它的油墨是由大豆製成，紙張採用再生紙，因此呈暗灰色。此外，設計者為了節約資源，還盡可能「減質化」，所有的材料都再省一些：採用薄薄的且不加表面塗層的紙張，並且不用書衣。不幸的是，墨跡經常透過薄紙，紙和油墨之間缺乏對比，這讓讀者看起書來眼睛很費力。裝幀材料的使用也很吝嗇，但是發揮的節約作用並不大。這樣的一本書對讀者並不友善，倒是對生態友善。

它真的對生態友善嗎？

該採用什麼樣的紙張？它的設計師冥思苦想，但是任何一種選擇都有它的不足之處。一開始，他們覺得採用不含氯的紙張是不錯的選擇，因為氯會為生態系統和人類健康帶來嚴重災難（比如產生戴奧辛）。但是他們發現任何再生利用的紙，都在和其他物質混合的過程中經過漂白，要得到完全不含氯的紙張必須採用最初的木漿。實際上，無論用什麼木漿製成的紙張都可能含有氯，因為樹木裡面本身含有氯化鹽。這是多麼兩難的抉擇：是汙染河流呢，還是耗盡森林？設計師最後還是選擇了能夠最大程度再生利用的紙張，以便盡量避免更嚴重的罪過。同時，用大豆製成的油墨帶來了另一個問題：這些對生態友善的水溶性油墨比起傳統的溶劑型油墨來說，可能會含有更高生體可用率*的鹵類碳化氫（halogenated hydrocarbons）或其他有毒物質。為了使書本達到可以接受的耐用性，封面必須加上一些塗料，這樣的封面就不能和其他部分一起回收；此外，倘若紙張經過多次回收，其中的纖維也會達到使用的極限。從實踐、美學和環境等角度來看，又一次證明了「減少破壞」並不是一個讓人滿意的選擇。

試想，如果我們從「書本」的整體概念來考慮，不僅僅顧及到製作和使用的實用性，同時也重視閱讀時的享受，那麼請打開第三本書——一本未來的書。

它是一本電子書嗎？也許是，但這種形式仍然處於萌芽狀態。然而許多人都發現傳統書本的樣式既方便又舒適，但這本書也許將會採用一種我們從未想像過的樣式。如果我們在重新構想這本書時，不去考慮它的外形，而是考慮製作原料，去考慮原料和自然界的關係，這將會怎樣呢？是否會達到人類與自然的一個雙贏局面？

也許我們應該先從思考紙張本身是否為一個合適的閱讀載體開始。如果我們效仿作家瑪格麗特．艾特伍（Margaret Atwood）描述的那樣，將人類的歷史用熊血



* Bioavailable，表示某特定物質被身體吸收的速率，在藥理學上是指藥品有效成分被吸收進入全身血液循環的速率。

書寫在魚皮上，這是否合適？或者我們設想一本不是用木材做成的書，甚至這本書也不是由紙張組成的。取代木材的是一種由全新材料製成的塑膠，這種新材料是一種可以無限次循環利用而不影響其質量的聚合物，從一開始設計時，就充分考慮到以後的反覆利用，而不是採取拙劣的事後補救方式。這樣的「紙張」不需要砍伐樹木，也不會汙染河流。油墨是無毒的，只要透過簡單安全的化學處理，或溫度極高的熱水沖刷，就可以將它從聚合物上清洗掉，而且不論採用哪種清洗法，這種油墨都可以回收再利用。封面也採用了和內頁同樣的聚合物材料，只是會相對更厚些。裝訂膠用的是與書頁相容的材料，一旦這本書不再需要以目前的印刷形式存在，出版商只需進行簡單的回收處理，就可以將整本書再利用。

對環境負責的設計不會不考慮讀者的愉悅和方便。這本書的書頁潔白，手感光滑，與再生紙不同的是，它們不會隨著歲月流逝而發黃，油墨也不會沾染到讀者的手指上。儘管在一開始設計時就考慮到它的「來世」，但是它依然經久耐用，可以數代相傳。它甚至還防水，你可以把它帶到海邊閱讀，甚至還可以將它帶到熱霧繚繞的浴池裡。你購買它、攜帶它和欣賞它，並不是因為它是簡樸的象徵，也不僅僅是因為它的內容，還有那種純粹的觸覺享受。這本書為它所使用的材料而自豪，而不是自責。這樣的書可以一而再、再而三地再生為新書，每一次新生都是全新樣貌和思維的閃亮載體。在生生不息地傳承印刷文字所承載的思想精髓時，書的樣式不僅隨著其功能的改變而改變，也會因隨著傳媒自身的演化而演化。

設計這第三本書的工作，其實就是在講述蘊藏於此書字裡行間的故事。這個故事不是充滿傷害和沮喪的古老傳說，相反地，它充滿了富足、更新，蘊涵人類的創造力和潛力。雖然，你現在手中的書還不是那個樣子，但它是在朝那個方向邁出堅實的一步，是故事的開端。

我們起先沒有設計這種書的材料。在多年研究用聚合物取代紙張的可能性之後，設計師詹姆士(Janine James)偶然向Melcher Media公司的米謝爾先生提到我們在尋找的東西，為事情打開了一絲曙光。當時米謝爾正致力於研製一種聚合物衍生出來的紙張，這種紙張被用於製作清潔劑瓶子上的標籤，這樣它可以和瓶子一起回收，而不是另行焚化。從他們自身利益出發，他們希望為普遍的「怪誕複合物」尋找一種替代品。米謝爾正在研製一種防水紙張，人們在洗澡時或在海灘上都可以閱讀用這種紙張做的書。他知道這種紙除了防水以外還有其他特性，因而很急切地讓我們去發掘它生態效益的前景。布朗嘉對它進行了測試，發現它的廢氣揮發和一般的書差不多，但是這種材料可以回收再利用。尤其值得一提的是，它具有升級回收的潛力，也就是說，經過溶解和再造以後，可以製成更高品質和更高效用的聚合物。

只有當我們在一開始設計之時就具備這樣的理念——將產品的短期使用壽命、便利性、美觀性與材料的回收利用等問題一起通盤考慮，我們的創新歷程才可以說是真正的開始。放下「生產－廢棄」的陳舊模式和由此衍生的固執「生態效率」理念，讓我們迎接不是單純追求效率，而是充分考慮了各種因素和人類需求等**生態效益**的全新挑戰！

## 櫻桃樹的思考

看看櫻桃樹。成千上萬的花朵結出纍纍碩果，以供鳥類、人類及其他動物享用；在這個過程中，也許會有某個櫻桃核掉到泥土裡扎根、成長。看到地面上散落的櫻桃花瓣，有誰會去抱怨：「簡直太沒效率了，多麼嚴重的浪費！」櫻桃樹花果豐碩，卻並不耗竭它周圍的環境資源。當這些花果掉到地上時，它們會分解為養分，滋養著微生物、昆蟲、植物、動物和土壤。儘管櫻桃樹所產出的「產品」相對於它所立足的生態系統來說，已經遠遠超出所需，轉變為滿足更豐富多樣的需要（這種轉變是經過數百萬年的成敗汰選，或用商業術語來說，叫作「研發」）。事實上，櫻桃樹的多產幾乎滋養著它周圍的一切事物。

如果人類世界是由櫻桃樹繁衍的，世界會是怎樣的情景？

我們知道講求生態效率的房子是什麼樣子。它是一個巨大的節能器。在可能外洩的地方都被密封起來，以防空氣滲入（窗戶是打不開的）。它採用深色鍍膜的玻璃，用以減少太陽光線的射入，這樣就可以減輕建築中空調系統的製冷負荷，進而也減少了石化能源的使用量。發電廠因此可以減少向環境排放的汙染物，不論是誰結算電費帳單，都可以付更少的錢。電力公司給予它本地區最節能建築的美譽，並把它當作具備環境意識設計的典範。如果所有的建築都像這間房子一樣設計和建造，可以想見的是，在節省花費的同時，還有益於環境。

現在我們想像一下櫻桃樹會怎樣設計這幢房子：在白天，太陽光照射進來，寬大的、沒有深色鍍膜的玻璃，令室內的人將窗外的景色盡收眼底，不論他或她隨意坐在什麼地方，都會看到全方位的景色。自助餐廳提供員工價廉物美的食物和飲料，外頭就連著一個灑滿陽光的院子。在辦公的地方，每個人都可以調控自己呼吸區域的新鮮空氣流量和溫度。窗戶是可以敞開的。冷卻系統將自然風流量開到最大，就像一座大莊園。黃昏時，這個系統將清涼的夜風吸納到房子裡面，既可以降溫，也可以滌蕩濁氣和有毒物質。屋頂上面覆蓋著一層本地的草皮，使這座房子更讓鳥禽流連忘返，也能吸收保存更多的降雨，同時還能讓屋頂免受溫度劇變和紫外線的損害。

實際上，這座房子和前述的那幢房子具有一樣的節能效率，不過這座房子還有別的作用，這源自於它那更為廣泛和複雜的設計目標：為了提高人們在裡頭工作時的生活品質，而致力於建造一種體現文化和自然享受（陽光、光線、空氣、自然甚至食物）的建築。在建造時，這種房子的某些組件確實要花費更多的成本。比如說，可以開關的窗戶比密閉的還要昂貴。但是它的夜晚冷卻方式卻能降低白天對空調的製冷需求。充足的自然光也減少了使用日光燈的照明需求。新鮮的空氣使室內更加舒適，可以使工作在其中的員工精神振奮，對潛在的員工也是一種誘因。因此它不僅具有經濟效用，也有美學意義。留住和支持具有天賦和創造力的人才，是財務長的首要目標，因為維持人才的成本（招聘、雇用和培訓他們）要比維持一般房子的成本高上一百倍。這座房子的每一個部分，都體現了客戶和建築師對於以生活品質為中心的社區和環境的設想。我們很清楚這一點，因為麥唐諾的事務所領導著這座房子的設計小組。

我們用同樣的理念為辦公家具製造商Herman Miller公司設計工廠。我們想給工人們一種在戶外工作的感覺，而不像工業革命以來傳統工廠的工人，在不見天日的環境下工作，只有在週末才能沐浴到陽光。我們為該公司設計的廠辦比建造一座標準預製金屬結構工廠的成本只高出百分之十。我們設計了一條貫穿整個廠房的「陽光大道」，大道兩旁種植了兩排整齊的樹木。日光從屋頂照射到屋內工人所在的每一個角落，製造區的工人可以將屋內的陽光大道和窗外的景色盡收眼底，即使他們是在室內工作，也能感受到時間的流逝和季節的交替（即便是在卡車的裝卸台也開設了窗戶）。設計這座廠房旨在展示當地的自然景觀，將那些土生土長的物種吸引回來，而不像過去那樣把牠們嚇跑。暴雨和廢水透過彼此相連的濕地來疏導和淨化，這樣的過程減輕了當地河流的負擔——原先由於來自屋頂、停車場和其他防水表面的雨水紛紛湧入，這條河流已經氾濫成災。

對這個工廠生產效率明顯提高的原因進行分析後，顯示出一個很重要的因素是「親生命性（biophilia）」——人類熱愛戶外和自然的天性。企業員工的留職率十分驚人。不少員工跳槽到薪酬更高的競爭對手工廠，卻在幾星期以後就回心轉意了。當管理階層問他們「為什麼回來」，得到的回答是他們無法「在黑暗中」工作。他們都是最近剛進工廠工作的年輕人，從來沒有在「普通」工廠工作過的經歷。

這些建築只是象徵著生態效益設計的開始，它們還沒有全面體現我們所信奉的理念。但是從這兩種房子的差別：密不透風、灰暗的日光燈小隔間，和充滿新鮮空氣、自然景色的陽光地帶，工作、用餐和交談的愜意環境之差別，可以讓我們開始想像生態效率和生態效益之間的差別。

彼得・杜拉克曾經指出：經理人的職責是「把事情做正確（do things right）」，但領導者的職責是確保「正確的事情已經做了（the right things get done）」。[39] 就算是最要求生態效率的商業典範也不會去質疑最基本的問題：即使在製造時採用更高

39 Peter Drucker, *The Effective Executive* (New York: Harper Business, 1986).

「效率」的材料和流程，一雙鞋子、一幢房子、一家工廠、一輛車或者是一瓶洗髮精的設計仍舊存在著根本性的缺陷。生態效益的理念是指做正確的事情，提供正確的產品、服務和系統，而不是去做較少危害的錯事。當我們在做正確的事情時，用「正確的方式」去做它，並透過其他手段提高效率，這自然天經地義。

試想，如果自然界也恪守著人類的效率模式，那麼櫻桃花就要減少，因而養分也減少了。樹會更少，氧氣會更少，乾淨的水也會更少。鳥鳴少了，物種少了，創造力和快樂也就少了。要求自然界更有效率、更節儉，甚至不要「丟垃圾」（設計一個無廢棄物、無排放的自然界）的想法是荒謬的。而效益系統的非凡之處就在於追求更多的獲得，而不是減少。

## 什麼是成長？

如果問一個孩子什麼是成長，他可能會告訴你成長是一件好事，一件很自然的事——它意味著更高大，更健康和更強壯。自然的（和孩子們的）成長通常被視為美好的和健康的。與此相反的是，工業成長卻被環保人士及那些擔心資源過度使用、擔心文化與環境脫節問題的人所質疑。城市化和工業成長經常被看作一種癌細胞，只顧自己的生長而不考慮它所寄生的器官。正如愛德華．艾比（Edward Abbey）所寫：「為了成長而成長是一種癌症般的瘋狂。」

在柯林頓政府最初建立的永續發展委員會中，對於「成長」的不同認知經常造成緊張氣氛。這個委員會由二十五名來自企業界、政府、各種社會團體和環境組織的代表組成，在一九九三年到一九九九年期間舉行多次會議。企業界人士和環保人士在會議上吵得不可開交，前者堅持商業得維持自己的內在需要，商業必須尋求成長以維繫自己的持續存在；而後者則認為商業成長意味著更多的汙染物、有毒物，並引起全球暖化。環保人士對於「零成長」的憧憬，理所當然地讓企業界感到很沮喪，對於這些人來說，沒有成長只會帶來負面效果。自然和工業之間的衝突讓我們似乎覺得魚與熊掌不可兼得。

毫無疑問的是，有些事情我們都期望能夠持續成長，而有些事情我們都不願看到它們成長。我們希望發展教育而不是愚昧，健康而不是疾病，繁榮而不是貧困，淨水而不是汙水。我們希望改善我們的生活品質。

關鍵在於，不要像那些效率的倡導者所說的去縮小人類工業和系統的規模，而是按照一種能自我補充、自我恢復並能滋養外界事物的方式，去把它們設計得更大、更好。因此對工廠和企業來說，他們要做的「正確的事情」是那些能帶來良性成長的事情——更適宜的環境，更健康、更具有生物多樣性，更多的才智和更富足，既滿足這個星球上現在的居住者，也造福子孫後代。

讓我們更仔細地觀察一下櫻桃樹。

在成長時，它追求的是自身的豐富繁衍。但是這一過程的目的並不僅限於此。實際上，櫻桃樹的成長帶來一系列正面效應，它為動物、昆蟲、微生物提供食物；它豐富了生態系統、吸收碳元素、產生氧氣、淨化空氣和水，並且培育和固定土壤。在根鬚和枝節之間，在樹葉上面，寄生著各種各樣的動植物，所有這些生物依賴著櫻桃樹，並彼此維繫生命的脈動與延續。即便這棵樹有朝一日死去，它也將會回歸土壤，釋放出自己的一切，在分解時轉化為養分，滋養著如斯土地的新一輪生命。

這棵樹不是一個和周圍系統隔絕開來的孤立個體。它不可避免地、同時又極富成效地和周圍事物發生聯繫。這就是當前的工業系統成長和自然成長的根本區別。

看看螞蟻的聚落。作為日常活動的一部分，牠們——

- 安全而有效地處理自己以及其他物種的廢棄物
- 在種植與獲得牠們食物的同時，滋養著牠們賴以生存的生態系統
- 使用真正可以再循環的材料來建造房子、農場、垃圾場、墓地、住宅和食物儲存設施
- 製造健康、安全和可生物分解的消毒劑和藥物
- 為整個星球保持土壤的健康

從個體上說，我們人類要遠比螞蟻巨大，但是就總數量來看，牠們超過我們。就像人類的足跡幾乎遍及星球上的每一個角落，不同種類的螞蟻也幾乎棲息於這個星球上的每一寸土地，從最荒蕪的沙漠到都市的中心，概不例外。[40]螞蟻是物種密度和生產力不對世界其他部分帶來危害的範例，因為牠們所生產和使用的全部東西都存在於從搖籃到搖籃的自然循環當中，即使是牠們所使用最致命的「化學武器」，也是可生物分解的。當牠們所生產和使用過的東西返回土壤時，會繼續提供養分，同時蟻穴所需的養分也在這過程中得到恢復。螞蟻還會再生利用其他物種產生的廢棄物。以切葉蟻為例，牠們收集地面上的腐敗物，向地下運送到自己的領地，用來培植牠們賴以為食的地下菌類「菜園」。牠們在搬遷和活動過程中，也將地下礦物質帶到表層土壤，為地表的植物和菌類提供養分。牠們翻鬆和疏通土壤，並且為水流提供通道，在保持土壤的肥沃和健康上發揮了至關重要的作用。正如生物學家威爾遜（E.O. Wilson）所指出的，牠們是操控著世界的小精靈。儘管牠們操控著世界，但並沒有**過度耗損**這個世界，與櫻桃樹一樣，牠們使世界變得更加美好。

有些人用「自然的服務」[41]這個詞來定義在沒有人類參與的情況下，水和空氣的淨化，侵蝕、洪澇和乾旱會減輕，物質會解毒和分解，沃土會生成並不斷地恢



40 Erich Hoyt, *The Earth Dwellers: Adventures in the Land of Ants* (New York: Simon & Schuster, 1996), 27, 19.

41 Gretchen C. Daily, *Introduction to Nature's Services: Societal Dependence on Natural Ecosystems*, edited by Gretchen C. Daily (Washington, D.C.: Island Press, 1997), 4.

復肥沃，生態平衡和多樣性得以保持，氣候不會發生變化等過程。同樣重要的是，其過程本身為人們提供了美學和精神上的滿足。自然界所發生的這一切並不是專為人類而設計的，我們並不需要去過分關注這種「自然的服務」。但是，把這些過程看作一個動態互相依存系統的一個環節將會大有裨益，在這個系統裡面，許許多多形態各異的生物體和系統，透過多種方式互相依存。成長的結果是有更多的昆蟲、微生物、鳥類，更多的水文循環和養分的流動，效果往往是正面的，這增加了整個生態系統的生機與活力。與此不同的是，建造一條商業街，也許可以馬上替當地帶來一些利益（增加就業機會，更多貨幣流入當地的經濟），甚至會推動整個國家的國民生產總值增長，但是獲取這些利益的代價，卻是降低整體生活品質（增加了交通堵塞、瀝青、汙染物和廢棄物），這些代價最終會抵銷掉部分商業街表面所帶來的經濟利益。

一般來說，傳統的製造活動會帶來明顯的負面影響。以紡織廠為例，進來的水是乾淨的，但是排放出來的水卻是受織品染料汙染過的，這樣的水通常含有鈷、鋯、其他重金屬，以及作為染料的化學物質等。因為織品所用的材料多半都是石化產品，剪裁下來的紡織品邊角廢料也會帶來汙染問題。生產過程中產生的汙水和汙泥不能在生態系統裡安全地分解，因此經常作為有害廢棄物來填埋或焚化。紡織品銷往世界各地，在使用之後就被「拋棄」掉，這裡的「拋棄」往往意味著要麼被焚化而釋放出有毒物，不然被堆放在垃圾掩埋場。即使紡織品的使用週期很短暫，它的微粒也會由於摩擦而進入空氣，被吸到人類肺部。所有這一切都是在「有效率的生產」名義下進行著。

幾乎所有的過程都有其負面作用。但是可以用深思熟慮與從長計議來取代漫不經心和貽患無窮。自然變遷的紛雜和其中蘊藏的智慧讓我們感到人類的卑微，但是我們也可以從中受到啟迪；不要僅僅專注於單一的目的，應該賦予人類的活動一些積極的副作用。

如果生態效益的設計者不僅僅關注產品或系統的主要目標，而是關注全局。在一定的時空條件下，產品和系統的眼前與長遠目標和潛在效果是什麼？產品和製造產品的方式只是整個系統（文化、商業、生態）的一部分，那麼整個系統是什麼呢？

## 從前從前，有一個屋頂

一旦我們以全局為出發點，人類製造物的最熟悉特徵就不是它原來的樣子了。傳統的屋頂就是一個很好的例子。由於整天在陽光下烘烤，禁受無情的紫外線摧殘，承受巨大的晝夜溫差，傳統的屋頂是整棟房子中最容易損壞，也是維修費用最高的部分。但是從更大的視野看，它們只是人類生存空間中不斷增多的非滲透表面（公路、停車場、人行道和建築本身）的一部分，這些表面是導致洪澇、夏季城市酷熱（黑色表面吸收和重新釋放太陽能）和掠奪許多物種棲息地的罪魁禍首。

如果單獨看待這些問題，我們也許會試圖透過制定法規來要求修建更大的儲水池來解決洪澇問題。我們已經透過增加酷熱城市地區的空間設備來「解決」了酷熱問題，而竭力迴避了這樣一個事實：我們因為環境溫度太高而需要空調，但是空調的使用卻導致了環境溫度的進一步升高。至於動物棲息地萎縮的問題，我們似乎已經無能為力了。難道野生物種不是我們城市擴張的犧牲品嗎？

我們一直在致力於研究考慮到上述所有問題（包括經濟性問題）的屋頂。它是一層薄薄的土壤，也是生命的搖籃，上面種植了花草。它使屋頂維持在一個恆定的溫度，炎熱時可以自由地進行蒸發散熱，寒冷時可以隔熱；並且可以抵禦太陽光線的傷害，延長屋頂壽命。此外，它還能造氧、固碳、捕獲煙塵之類的顆粒和吸收雨水。但這些還不是它的所有功能：它比裸露的瀝青表面看起來更有吸引力；由於有了處理雨水的功能，可以節省按規定要繳納的水處理和洪澇損失的費用；在合適的地區，它甚至能設計成具有太陽能發電的功能。

上面的這種屋頂可能聽起來有點像天方夜譚，但實際上不是。建築技術已具有數百年歷史。以冰島為例，許多老式農場都是用石頭、木材和草皮建成，並且以青草作屋頂。而且這種屋頂在歐洲早已得到廣泛應用，在那裡已經有了數千萬平方英尺這樣的屋頂。在當今先進工程技術的幫助下，這種屋頂技術具有多種層面的生態效益，其中一點就是提高了人們的想像力。我們曾經幫助芝加哥市長達利(Richard Daley)在芝加哥市政府的房頂上建造了一個這樣的花園，他預言整個城市將會處處覆蓋著這樣的綠色屋頂，這不僅可以使城市保持清爽、收集太陽能、種養食物和花朵，同時也可以在大街小巷之間，提供鳥類和人們舒適的綠色憩園。

## 超越控制

以生態效益為考量所進行的設計，可能會帶來我們從未知曉的巨大變革，也有可能僅僅只是告訴我們怎樣對現有系統進行最佳化。解決問題的方式不一定必須是激進的，激進的應該是人們轉變看問題的出發點。我們應該改變把自然界看成控制對象的老觀念，轉換成自然界和人類相互依存的新觀念。

幾千年來，人類都在致力於使人和自然力之間「保持距離」；這樣做常常是人類生存所必需的。把自然改造得更好是人類的權利和責任——這樣的觀念塑造了西方文明。培根(Francis Bacon)曾經說過：「我們所知道的自然是可以被征服、掌控和利用來為人類服務的。」[42]

現今，自然災害已經很難真正危害到我們這樣的工業化國家公民。除非我們遇到了最嚴重的流行病和天災，如地震、颶風、火山爆發、洪水、瘟疫，也可能是隕石。在日常生活中，我們是相當安全的。然而，我們的祖先在艱苦惡劣的荒蠻自然界中披荊斬棘、刀耕火種，最終進入到現代文明的實踐中所形成的精神模式，仍然被我們堅持不渝。征服和控制自然界不僅僅是主流趨勢，甚至已經成為了一種美學(和精神上)的偏好。現代草坪四周的柵欄和邊界鮮明的區分了哪裡是「自然」、哪裡是「人造」。由瀝青、水泥、玻璃、鋼筋所形成的城市景觀中，自然被認為是雜亂和無用的，所謂的「自然」只限於少量經過精心雕飾的花園和樹木。秋天的落葉必須迅速從地上收集起來，裝進塑膠袋，掩埋或焚化，而不是讓它們去自然地生物分解。我們不是去設法實現最大的自然豐足，而是不假思索的盡力避免這種豐足。因為我們已經習慣於一種控制自然的文化，未經馴化的自然狀態既不是我們所熟悉的，也不為我們所接受。

為了強調這一點，布朗嘉總是喜歡講「被禁止的櫻桃樹」故事。那是在一九八六年的德國漢諾威，住在同一個街區的幾個人想在他們所居住的街道旁種植一棵櫻桃樹。他們原以為這樣一個新生事物可以為小鳥提供棲息地，讓那些想吃櫻桃、想採摘一兩朵櫻桃花、或者只是想欣賞櫻桃樹景致的人們帶來愉悅。看起來這是一個輕而易舉的決定，只會有正面影響。但是要把這棵樹從他們的想像



42 Quoted in Clive Ponting, *A Green History of the World: The Environment and the Collapse of Great Civilizations* (New York: Penguin Books, 1991), 148.

中變成現實卻絕非易事。按照他們街區的土地規劃法律，新種一棵櫻桃樹是不合法的。在居民們看來很愜意的一件事，在當地的法律制定者的眼中卻是一件有風險的事情。人們可能會因為踩到掉落地上的櫻桃或櫻桃花而滑倒；樹枝上搖曳的果實會誘使小孩們爬上去——如果有個小孩因此而摔傷，有人會為此承擔責任。從立法者的眼中，櫻桃樹被簡單視為不是很有效率的：雜亂、隨心所欲、不可預測。它不好控制或者說無法預測。人類的系統不是為處理這樣的問題而設立的。不管怎樣，這幾個人一再堅持施壓，最後終於獲得特許去種這棵樹。

這棵被禁止的果樹可以拿來象徵控制文化，象徵自然和人類工業之間的隔閡（不管是實體上的還是意識形態上的）。掃除、排斥和控制自然界非盡善盡美的富庶是現代設計的內在特徵，幾乎從來沒有人對此提出質疑。**如果蠻力起不了作用，表示你的力道還不夠大。**

我們從自身工作中所瞭解的情況顯示，帶來事物發生轉變的往往不僅因為理念的更新，而且還是因為人們不斷變化的品味和流行趨勢。生物多樣性是當前的流行品味。布朗嘉講述了另外一個故事：他母親的花園在一九八二年時，由於長滿了蔬菜、青草、野花和許多其他奇奇怪怪種類繁多的植物，被當局認定太荒蕪，而加以罰款。他母親沒有屈服於這種「最低限度的苛求」（布朗嘉是這樣形容的），她堅持種植她所喜歡的花園，寧願每年為此支付罰款。十年以後，同一座花園由於為鳥類提供棲息地而獲得了當地的一個獎勵。是什麼發生了改變？是公眾的品味，是流行的審美觀念。現今種植一座看起來具有「野性」的花園已經成為一種時尚。

想像一下，在一個更大的範圍內發生這種轉變，將會為我們帶來什麼？

## 與地球和諧共處

在科學界和通俗文化裡面經常會有一些征服其他星球，比如火星或月球的言論。其原因部分是源於人類的天性：我們是富於好奇心和勇於探索的生靈。開拓未知領域的想法對人類具有不可抗拒、甚至是浪漫的吸引力，比如說探索月球。但是這樣的想法同時也為蓄意破壞提供了一個藉口，提供了一種希望——一旦我們糟蹋夠了自己所在的星球，我們還能夠找到拯救自己的辦法。對於這種帶有投機性質的行為，我們的回答是：如果你想要體驗火星，不妨去智利的銅礦區住上一陣子。那裡沒有動物，環境對人類來說非常惡劣，住在那裡是一個十分嚴峻的挑戰。抑或想知道月球的感覺，不妨去加拿大安大略省的鎳礦區。

人類的進化在地球上完成，地球才是我們應該生存的地方。地球的大氣、養分、自然循環和人類的生態系統一起進行著演化，維持我們的生存。人類是無法在月球上完成進化的。當我們認識到人類在外太空探索上的重大科學價值，並為在那裡可能有的新發現而激動時；當我們為人類取得探索宇宙未知世界的技術創新感到歡欣鼓舞時，我們要警惕：即便我們已經找到了通往外太空新世界的方法，也不要在把地球糟蹋得一片狼藉後，再搬去一個不那麼適合我們人類生存的地方。讓我們發揮自己的聰明才智，留在這裡，再次成為這個星球的原住民。

這樣的主張並不是說我們提倡返回刀耕火種的狀態。我們相信人類能夠融合技術和文化的精華，使我們的現代文明面貌煥然一新。建築、系統、街道甚至整個城市都和周圍的生態系統以一種和諧的方式相互依存。我們應該劃出自然區，不受人類不適當的干預和定居的騷擾，依靠自身去實現欣欣向榮。同時我們也相信工業能夠做到安全、有效、豐足和富於智慧，以至於並不需要從其他人類活動中隔離出來。（這和劃分界線的概念背道而馳，只有當工業不再帶來危害，商業區和住宅區才能沿工廠建造，互惠、互利、和睦相處。）

威斯康辛州的梅諾米尼印地安部落，世世代代都在伐木，他們所採用的伐木方式在他們獲益的同時，還保持了森林的茁壯成長。傳統的伐木方式只注重生產一定數量的碳水化合物（木漿）以供使用。這種做法是單一目標和實用主義的，並沒有考慮到森林裡可能棲息的鳥類數目，也沒有考慮怎樣避免土石崩滑，更沒有考慮該地提供或可能提供給後代子孫休憩娛樂的場所。梅諾米尼部落通常只砍伐孱弱的樹木，而保留強壯的樹木和足夠的樹冠，提供松鼠和其他樹棲動物長期的棲息地。這樣的策略成效驚人，在替部落帶來具有商業價值的資源同時，還保持了森林的茂盛。在一八七〇年，梅諾米尼部落在二三五、〇〇〇英畝的保留地上共有十三億立方英尺的未砍伐木材——在木材業稱作「立木」。這麼多年以來他們已經砍伐了二二．五億立方英尺的木材，但是現今他們依然擁有十七億立方英尺的立木——比原有的還多。他們很清楚森林能夠有效的提供人類什麼，而不是只考慮人類自己想從森林得到什麼。（有必要在這裡一提的是：這種特殊的森林利用形式並不是到處適用。在某些情況下——例如恢復性造林，將單一樹種的森林置換為一個具有更多樣性物種的系統——伐光整個森林是一個有效的處理方式。正如森林監督委員會所指出的，沒有一成不變的方法。）

威廉斯大學的環境科學教授李凱（Kai Lee）講述了一個關於原住民如何看待土地的發人深省故事。一九八六年，他參與了漢福德保留區的長期儲存放射性廢料計畫制定工作。漢福德保留區位於華盛頓州中部，美國政府在那裡製造核武器所需要的鈽。他和一群科學家花一個上午討論如何標註出儲存廢料的場所，要保證即使在很遙遠的未來，也不會有人去那兒掘取飲用水，否則就會導致有害的暴露和外洩。在中場休息時，他看到了幾個雅吉瓦印地安部族的人，漢福德保留區的大部分土地是這個部族的傳統領地。他們幾個是來和聯邦官員談論其他事情的。李凱對他們子孫安全的關心使他們感到很驚訝——甚至是迷惑。「不用擔心，」他們向李凱保證，「我們將告訴子孫那些儲存廢料的地點。」正如李凱向我們指出的，「他們對自己和自己所在地的概念不像我們那樣具有歷史時限，而是永世長存的。這裡將永遠是他們的土地。他們將會世代相傳地告訴子孫不要去挖掘我們留下的廢料。」

我們也不會離開我們腳下的土地，一旦認識到這一點，我們也將開始成為這片土地的原住民。

## 新設計任務

這是一個關於效率的老笑話：一個賣橄欖油的小販從市集回來後對他的朋友抱怨：「我從橄欖油的買賣中賺不到錢！在我餵完幫我馱運橄欖油的驢子後，我的利潤就已經耗去大半了。」他的朋友於是就建議他少餵驢子一點東西。一個半月後他們又在市集上相遇了。這個橄欖油小販面容憔悴，既沒有錢，也不見他那隻驢子。當他的朋友問他發生了什麼事情，他回答說：「是的，我照你說的做了。我少餵驢子一點，果然開始大有起色。於是我就餵得更少，這樣我的獲益更多。可是正在我的生意如日中天時，我的驢子卻死了。」

餓死自己是我們的目標嗎？我們難道想要從地球上剔除自己的文化、自己的工業、自己的存在，去追求一個虛無的世界嗎？這樣的目標如何能夠鼓舞人類呢？假如我們的工業帶給我們的不是扼腕嘆息，而是歡欣鼓舞；假如環保人士和汽車廠商能夠為汽車的更新換代共同擊掌歡慶，因為新車能夠淨化空氣和生產飲用水；假如仿造樹木來建造的新型房子，能夠提供蔭涼、鳥類棲息地、食物、能量和潔淨水；假如人類社會每一次新的進展不僅增加了經濟財富，也改善和深化了我們的生態和文化；假如現代社會不是把這個星球帶到災難的邊緣，而是在一個更廣泛的層面不斷創造財富和歡樂，那豈不是一件很美妙的事情？

我們願意提出一項新的設計任務，而不是僅僅去改善現有具破壞性的方法。為什麼人類和工業不試著去著手創造下面這些東西？

- 像樹木那樣的建築物，能產生出比它們所消耗的還多的能量，淨化它們自身所產生的廢水；
- 工廠排出的水是可以飲用的；
- 產品在生命週期結束以後，不是變成無用的廢棄物，而是可以隨手扔到地上自然分解掉，成為動植物的養分和土壤的養分；或是返回到工業循環裡，成為製造新產品的高質量材料；
- 每年自然累積價值高達十億美元，甚至萬億美元的材料物資，造福於人類和自然；

・交通系統，在運送貨物和提供服務的同時，又提高生活質量；

・一個富庶的世界，而不是一個捉襟見肘、充滿汙染和廢棄物的世界。

# 第四章 CHAPTER 4 廢物即食物 Waste Equals Food



大自然以新陳代謝的方式不斷運行，在過程中不存在所謂廢棄物。櫻桃樹的繁花盛果為的是它的繁殖成長，縱使多餘的花也是有用的。它們落到地上，被生物分解，提供一些生物和微生物養分，並使土地更加肥沃。在整個世界中，動物和人類呼出二氧化碳，植物則能夠吸收二氧化碳促進自身的生長。廢棄物中的氮被微生物、動物或植物轉化為蛋白質。如馬吃草，並排泄出馬糞，馬糞為蚊蠅幼蟲提供生存場所和營養物質。地球的主要養分碳、氫、氧和氮處於周而復始的循環過程中。廢物即食物。

幾百萬年來，這種周而復始的、從搖籃到搖籃的生態系統滋養出我們這個生機勃勃、物種繁多的星球。在地球的歷史上，這種生態系統是唯一的，並且地球上所有的生物體都屬於這個系統。成長是有益的，成長意味著更多的樹、更多的物種、更好的生物多樣性以及更複雜、更有復原能力的生態系統。工業的出現改變了地球上物質的自然平衡。人類從地殼中開採物質，將它們集中、轉化與合成，生產出大量不能夠無害地返回土壤中的物質。目前，自然界的物質流可以分成兩大類：生物物質流和技術物質流（即工業物質流）。

在我們的觀點裡，上述兩類物質流在地球上對應的是**生態養分**（**biological nutrients**）和**工業養分**（**technical nutrients**）。生態養分有益於生態圈，而工業養分有益於我們稱作為「工業圈」的工業流程系統。我們已經奠定了一個工業基礎，但在這個基礎裡，我們忽視了上述任何一種養分的存在。

## 從「從搖籃到搖籃」到「從搖籃到墳墓」：養分流簡史

農業出現以前很長一段時間，游牧民族四處遷徙尋找食物。為了輕裝上路，人們身邊攜帶的東西很少，僅僅是一些珠寶和少量的工具、由動物毛皮製成的袋子或衣物、用來盛放植物根莖與種子的籃簍等。由於這些東西都是由當地的材料製成，用完丟棄後極其容易被自然界分解和「消化」。比較耐用的物品，如石製武器和燧石等，可能就被丟棄了。由於游牧部落經常搬遷，衛生設施不是問題。他們的廢棄物可以留下肥沃土壤。因此對這些游牧部落的人們而言，這才是真正的「丟棄」。

早期的農業社區繼續將生物廢物返回到土壤中補償養分，農民實行作物輪種，讓土地按照順序休耕閒置，直到自然界再次恢復這些土地的肥沃。新的農業工具和耕作技術的出現加快了糧食生產。隨著人口迅速增長，許多農業部落開始以超過自然界自我恢復的速度，向自然界掠取資源和養分。同時，隨著人們的居住越來越集中，公共衛生的廢物成了問題，人們開始從土壤中掠取越來越多的養分，消耗越來越多的樹木等資源，與此同時，卻並不以相同的速度向大自然歸還養分。

古羅馬諺語說：「金錢並不發臭。」在羅馬帝國，僕人們將公共場所和富人廁所的糞便運走，堆積在城外。農耕和伐木活動掠取了土壤中的養分，侵蝕了土壤，使土地逐漸變得乾旱和貧瘠，肥沃的耕地越來越少。羅馬帝國的興起（帝國主義都是一樣）部分原因就是為瞭解決其已有領土的逐漸貧瘠。從羅馬帝國當時的中心地帶向外擴張，獲取更多的原木、糧食和其他資源，以滿足其龐大的需求。（據說，當一個城市因為資源貧乏開始對外征戰時，羅馬的農神就變成了戰神。）[43]

康恩在《自然大都會》一書中用編年史的形式，記錄了相似的大都會和自然環境間的相應關係。他指出：芝加哥城周圍的大片農田，是美國的「麵包籃」，長期以來為芝加哥城提供服務；周邊定居的農戶非但不是脫離芝加哥城，而是與這個城市緊密相連，受其需求的刺激發展起來。康恩認為，「十九世紀的西部擴張，主要講述的是日益膨脹的大都會經濟創造城市之間日益複雜緊密關係的故事。」因此，一個城市的歷史「必定也是附近農村的發展歷史，也是將城市和農村

43 Albert Howard指出：羅馬衰落的「主要原因是以下四點：羅馬軍團對於城市周邊成年男子持續的徵兵消耗，尤其是與迦太基的兩次持久戰；羅馬資本地主的操作；莊稼和牲畜的農業平衡及土壤肥力保持的失敗；取代自由勞動者成為雇佣者的奴隸雇佣形式。」Albert Howard, *An Agricultural Testament* (London: Oxford University Press, 1940), 8.

融為一體的自然界開發史」。[44]

城市的擴張和發展，吞噬著周遭越來越大範圍內的物質和資源，對其周遭的環境施加令人難以置信的壓力：土地被搾取，資源被攫取。例如：當明尼蘇達森林消失時，當地的伐木業就只能遷移到加拿大卑詩省去了。（這樣的擴張影響了原住民，外來的開拓者在駐地周圍以樁為界，由此帶來的影響波及了原住民，密蘇里河上游地區的曼丹人就是由於傳染天花而滅絕了。）

一直以來，世界各地的城市都建造了各種基礎設施，用於運送物資。不同文明之間在獲取資源、土地和食物方面頻頻發生衝突。十九世紀和廿世紀初，化學肥料的出現為傳統農業轉變成大規模、高強度的工業化農業打下基礎。與自然耕種相比，土地產出更多的糧食，但同時也帶來嚴重的後果：土地以空前的速度被侵蝕，土壤中營養豐富的腐殖質被搾乾。很少有農民再將當地的生態廢物返還到土壤中作為養分，工業化的耕作幾乎從未這麼做過。土壤喪失了其養分的主要來源。還有，化肥經常被磷酸鹽礦石中的鎘元素和放射性元素嚴重汙染，而農民及附近居民對這種危害一無所知。

然而也有一些傳統文明深刻認識到了養分流的價值。在埃及，許多世紀以來，每年尼羅河都在洪水時節漫過堤岸，當洪水退去後，就為整個尼羅河谷留下一層肥沃的淤泥。大約在公元前三千兩百年，埃及的農民就開始建造一系列的灌



44 William Cronon, *Nature's Metropolis: Chicago and the Great West* (New York and London: W. W. Norton, 1991), xv, 19.

溉渠，引導肥沃的尼羅河水流到田地中。他們還學會將剩餘的食物貯藏起來，以備乾旱年份取用。許多世紀以來，埃及人民最大限度地利用這些養分流，但並不過度地攫取。隨著英國和法國的工程師在十九世紀陸續進入埃及，當地的農業生產方式逐漸轉化成為西方的工業化方式。一九七一年亞斯文水壩建成，那些幾世紀來帶給埃及農業豐收的淤泥被擋在混凝土堤壩的後面。在曾經肥沃豐產的土地上建房，房屋和道路與農業激烈爭奪空間。埃及生產的糧食只能滿足不到百分之五十的本國需求，得依賴從歐洲和美國的進口。[45]

幾千年來，中國擁有一套完善防止病原體汙染食物鏈，利用生態廢物包括下水道汙水替稻田施肥的農業生產體系。[46]直到今天，在中國還有一些農戶希望客人在吃完晚飯後，離開前上一趟廁所，用自然回歸的方式「返還」土壤養分。農民付錢給住戶購買幾桶糞便也是常事。但是到了今天，中國也轉變成西方模式為主的農業體系了。跟埃及一樣，中國也越來越依賴糧食進口。

地球上，只有人類這物種會從土壤中攫取對生物成長至關重要的大量養分，卻很少將它們以有用的形式返還給土地。除了一些小範圍地區，人類的農業體系已經不再以自然回歸方式返還養分。諸如「齊根收割」的農作物收割方式加快土壤的侵蝕，農業和工業製造中使用的化學方法導致土壤的鹽鹼化和酸化，土壤養分的減少速度是其自然形成速度的二十倍。一層三公分厚、含有微生物和養分流



45 For more details on the Egyptians' sustainable usage of the Nile, see Donald Worster, "Thinking Like a River," in *Meeting the Expectations of the Land*, edited by Wes Jackson, Wendell Berry, and Bruce Colman (San Fransico: North Point Press, 1984), 58-59.

46 Also see F. H. King, *Farmers of Forty Centuries: Or, Permanent Agriculture in China, Korea, and Japan* (London: Jonathan Cape, 1925).

的土壤，大約需要五百年才能形成，但是，現在我們卻以比土壤自然生成快五千倍的速度加快土壤養分的流失。

在工業化以前，人們真正地「消費」掉東西。那時候，大多數產品一旦被扔棄、掩埋或者焚燒，就能夠無害地被生物分解。金屬是例外，不能生物分解，但因為很有價值，總在熔化後再次使用（這就是我們說的早期工業養分）。

隨著工業化的發展，雖然大多數工業製品已經不能夠真正地被消費掉，但是人們消費的方式仍沒有改變。在物資奇缺的年代，人們對回收再利用的認可度比較高，例如在經濟大恐慌時代長大的人，會非常在意地回收罐子、提壺、鋁箔。在二戰時期，人們節省橡皮筋、鋁箔、鋼和其他材料以滿足工業需求。但是到了戰後，廉價的原材料和新的人工合成材料製品湧入商品市場，對工業來說，一個中心工廠將他們生產的鋁、塑膠，玻璃瓶或者包裝運送到需要的地方，與在各地建立設施來收集、運輸、清理和回收加工利用相比，要便宜多了。同樣，在工業化的前幾十年中，人們可能會轉贈、修理舊產品設備，如烤箱、冰箱和電話機，或者賣給舊貨回收商。現在，大多數所謂的耐用品都被扔掉了。（現在誰真的願意去修理一個便宜的烤麵包機呢？與其將零部件送還給製造商或者找人修理，購買一個新的烤麵包機要容易多了。）產品用過即丟，已經成了習慣。

舉例來說，你不可能消費汽車。儘管汽車是用貴重的工業材料製造的，可是一旦要報廢時，你對它卻束手無策（除非你是個垃圾藝術家）。正如我們已經提及的，這些物質在回收過程中可能被丟棄或降級，因為在汽車最初設計時，就沒有考慮將它作為工業養分進行有效的最佳化回收利用。實際上，工業產品是按照定期報廢的原則設計的，也就是說，這些產品的設計壽命使其正好能夠用到顧客想要更新汰換這些產品的時候。即使像包裝材料這種完全能被消費殆盡的東西，還是被設計成在自然狀況下不會分解。但包裝材料的使用壽命可能遠遠地超過它保護的產品期限。

在資源匱乏的地方，人們富於創造性地再利用工業材料，生產新的產品（如使用舊輪胎製造涼鞋），或者獲取能源（如燃燒合成材料獲取能源）。這種創新性的再利用進行得很自然，也很靈活，成為物質循環的重要環節。但是只要工業設計和製造中不考慮產品的「來世」，這些創造性的再利用經常是不安全，甚至是致命的。

## 怪誕複合物

垃圾掩埋場中堆積如山的廢棄物成為人們越來越關注的問題。不過，廢棄物的數量（它所占據的巨大空間）並不是從搖籃到墳墓的設計理念帶來的主要問題。更大的問題是養分（對工業和自然均具有價值的物質）被汙染、浪費或者遺棄。這些有價物質之所以遭到遺棄，不僅僅因為缺乏足夠的回收系統，也因為其中許多產品是我們戲稱的「科學怪人產品（Frankenstein product）」或叫做「怪誕複合物」——同時包含工業原料和生態原料的複合物，這些材料在生命週期結束後無法安全地回收利用。

一雙常見的皮鞋就是怪誕複合物。歷史上，鞋子是用植物中的化學物質進行鞣革，這樣比較安全，所以產生的廢棄物不存在真正的問題。這種方法製造的鞋子可以在使用生命期結束後，進行生物分解或者安全地焚燒。但是用植物鞣革需要砍樹以獲得足夠的鞣酸。結果是，製作鞋子要花費較長的時間，並且價格昂貴。在過去的四十年中，植物鞣革已經被鉻鞣革取代，因為後者相對來說製作週期較短而且價格便宜。但是鉻元素比較稀有，工業利用價值大，而且在某些形態下是致癌的。現在製鞋的鞣革工作一般都在開發中國家進行，這些地區幾乎沒有採取任何保護措施，防止鉻危害人類和生態系統。生產過程產生的廢棄物被傾倒在附近的水道中或者焚燒掉，這樣的處理方式將有毒物質排放到環境中（往往是大量排放在低收入地區）。而且，常見的橡膠鞋底通常含有鉛和塑膠。鞋子在行走中摩擦，鞋底的微粒散落下來，進入到大氣和土壤中。這種鞋子不能被人們安全消費，也不能被環境安全分解。在鞋子廢棄之後，它含有的生態或是技術養分，也常常被當作垃圾掩埋了。

## 汙水的困惑

讓人噁心的廢棄物意象代表莫過於下水道汙物了。下水道汙物是人人避之唯恐不及的廢物。在現代下水道系統被使用之前，城市裡的人們將生活中產生的廢物倒在戶外（也可能就從窗子扔出去），填埋它們，或者將它們潑到房子底下的化糞池中，還可能將它們排放到河水中，有時候甚至是排放到飲用水源的上游。直到十九世紀晚期，人們才將衛生設備和公共健康聯繫起來，為更複雜的汙水處理設計提供了動力。工程師們受到了能將暴雨洪水排送到河流的管道啟發，認為這是一個排放汙物的方便途徑。然而這個方法並沒有完全解決問題。有時未經處理的下水道汙物排放到河流中令人難以忍受。比如說，發生在一八五八年的「倫敦大惡臭」迫使英國國會下院的會議中斷，因為附近的泰晤士河裡，那些未經處理的下水道汙物發出的臭氣太嚴重了。終於，汙水廠被建造起來處理汙水，並且有足夠的規模容納在暴雨時匯集一起的下水道汙水和雨水。[47]

下水道汙物主要來自人類生物活性比較強的物質組成，最初的想法是收集生物活性較高的汙物（幾千年來和自然界相互影響的人類排泄物），然後去除其毒性。下水道汙物處理是微生物和細菌消化的過程。固體作為淤泥被分離出來，留下來的是清液，這些液體在處理前是下水道汙物的載體，經過處理後最終能夠作為清水排放，這是剛開始的想法。

47 Clive Ponting, *A Green History of the World: The Environment and the Collapse of Great Civilizations* (New York: Penguin Books, 1991), 355.

但是一旦下水道汙物大大超過了下水道的管徑，就需採用氯化物這樣劇烈的化學處理方法來進行汙物處理。與此同時，在最初設計市場上各種家庭用的新產品時，汙物處理工廠(或者相似的水生態處理系統)根本不在考慮範圍之內，除了生物廢物外，人們開始往排水管中傾倒各式各樣的東西：油漆罐、會嚴重腐蝕管道的化學物質、漂白劑、油漆稀釋劑、指甲油去光水等等。廢物本身甚至攜帶著抗菌物質和避孕藥中的雌性激素。再加上各種工業廢物、清潔劑等化學物質都匯入家庭廢棄物，形成非常複雜的化學和生物物質組成的混合物，但它仍然叫做汙水。抗微生物產品(像現在市場銷售、在浴室使用的許多肥皂)可能讓人覺得很好用，但實際上卻會為依賴微生物的系統帶來問題。它們一旦和抗生類的、或者其他抗菌成分混合的話，你可能就啟動了一個生產具有頑強抵抗力超級細菌的程序。

最近的研究發現，在那些「處理過的」下水道廢水的水系統中存在荷爾蒙、內分泌干擾物質和其他一些有害化合物。這些物質會汙染自然界，也汙染飲用水。並且，正如我們注意到的，會導致水生生物和動物的變異。下水道管子本身也不是為生物系統所設計的，管道所用的材料和表面塗層有可能使水質變得更糟或被汙染。結果是，用下水道淤泥製成的肥料，受到擔心土壤被汙染的農民抵制。

要設計流入自然的排水系統，也許我們應該退回到起點，將所有要進入這一系統的東西看成是養分流。礦物磷酸鹽是全世界都使用的作物肥料。作物用的磷酸鹽一般是從礦石中提取的，這會對環境產生極大的破壞。其實，在下水道淤泥和其他有機廢物中就存在著自然狀態的磷酸鹽。在歐洲，那些經常被掩埋的下水道淤泥中，磷酸鹽的濃度甚至高於中國的一些磷酸鹽礦石中的磷酸鹽濃度。在中國，這些礦石的開採對當地的生態系統產生了毀滅性的破壞。我們能否設計一個這樣的系統，安全地獲取那些已經進入了自然循環的磷酸鹽，而不是將其當作淤泥處理？

## 從「從搖籃到墳墓」到「從搖籃到搖籃」

工業、設計、環保和一些相關領域人士經常提及產品的「生命週期」。儘管很少有產品是真正地擁有生命，但是在某種意義上，我們可以將「生命力」(和我們的「死亡」)的概念引申到產品上。它們就好像是我們的家庭成員。我們希望產品跟我們一起生活，也希望它們屬於我們。在西方社會裡，人有墳墓，對產品而言，也有它們自己的墳墓。人類樂意認為，自己是強大、獨一無二的個體；也非常喜歡去購買那些嶄新的、用全新材料製成的東西：「這種新產品是我最先用的。當我用完它(我可以讓別人覺得我是特殊的、獨一無二的人)，對其他人來說，它都被別人用過了，它就成了歷史。」工業的設計和規劃都是按照這個思路來進行。

我們認可並理解這種特殊，甚至獨一無二的良好感覺的價值。然而就物質而言，我們更應該讚美允許我們享用獨一無二產品（而且不只一次）的同一性和平凡性。我們有時候會想，如果工業革命發生在一個關注全體勝於關注個人的社會，並且那裡人們信仰「轉世輪迴」，而不是「從搖籃到墳墓」的命運，會發生什麼事情？

## 兩種新陳代謝共存的世界

我們生存的世界由兩種基本的元素構成：物質（地球）和能量（太陽）。除了熱量和偶爾出現的隕石外，沒有任何物質能進入或者離開這個行星系統。也就是，從我們的實用性出發，這個系統是封閉的，它的基本元素是寶貴的，也是有限的。任何天然的都是我們擁有的，任何人工製造的也不會消失。

如果我們的體系汙染了地球的生物物質，並繼續遺棄工業材料（如金屬）或使其無用，我們就將真正地生活在一個生產和消費都受到限制的世界，地球，在實質上將變成一座墳墓。

如果人類要實現真正的繁榮，我們必須模仿自然界高度效益、含有養分流和新陳代謝的從搖籃到搖籃系統，這個系統不存在廢棄物的概念。**根除廢棄物的概念意味著，產品、包裝和系統從設計開始，就體認到沒有廢棄物這回事。**由包含在物質中有價值的養分流決定和形塑設計：形式不僅是服從功能，還要不斷進化。我們覺得這種設計提案與現行的製造方式相比，更有發展前景。

我們已經指出，地球上有兩種獨立的新陳代謝。前一種是生物新陳代謝，或者說是生態圈、自然循環。第二種是工業新陳代謝，或者說是工業圈、工業循環，包括從自然界中獲取工業原料。如果設計正確，所有工業製造的產品和材料將能安全地融於這兩種新陳代謝，提供新事物養分。

產品或者由可生物分解原料製成，並為**生態循環**提供養分；或者由封閉**工業循環**中的材料組成，作為工業有價值的養分持續循環著。為了讓這兩種新陳代謝能夠保持健康、有效和順利，必須竭力避免兩種新陳代謝之間的相互汙染。進入到生物新陳代謝的物質，一定不能含有導致生物異變的物質、致癌的物質、不能去除的有毒物質，以及那些會在自然界中積累並產生破壞性效果的物質。（有些對生物新陳代謝有破壞作用的物質，卻能在工業新陳代謝中獲得安全的處理。）

基於同樣的理由，在設計時要注意生物養分不能進入到工業新陳代謝中，因為生物養分的流失不僅構成生物圈的損失，而且可能降低工業材料的品質，並使回收和再利用變得更加複雜。

## 生物新陳代謝

**生物養分**指的是能夠返回到生物循環的材料或者產品——它其實要被土壤中的微生物或者其他動物吞噬掉。大多數產品包裝（約占城市固體廢棄物排量的五十％）就可以被設計成生物養分，我們稱之為消耗品。[48]目的是想讓這些構成消耗品的材料在使用後，能夠丟棄到地上或者透過堆肥處理而安全徹底被生物分解——真正消失掉。

對於洗髮精瓶、牙膏管、優格和冰淇淋的紙盒、果汁瓶和其他一些包裝來說，沒有必要讓它們的使用期比包裝裡的內容物使用期還長，達到幾十年甚至幾世紀。為什麼要讓我們的社會和個人承擔處置與填埋這些包裝材料的責任？讓人們沒有後顧之憂的包裝材料能夠安全地分解，或者做成堆肥。比如鞋底就能夠被分解而增肥環境。肥皂和其他清潔劑也能夠被設計為生態養分；在這種情形下，當它們經過排水管、濕地，最後來到江河湖海時，依然能維持生態系統的平衡。

在九〇年代初，我們兩人應Steelcase的子公司DesignTex之邀，去和瑞士紡織廠Rohner合作，開發能夠在使用後分解的坐墊布。他們要求我們全力開發一種美學上獨一無二、並能保護環境的紡織品。DesignTex首先建議我們用回收寶特瓶中的聚乙烯酯（PET）和棉纖維混紡。他們想，什麼材料會比這種集「自然」和「再生」材料於一體的產品對環境更友善呢？這種合成材料還具有上市快、暢



48 Kyra Butzel, "Packaging's Bad 'Wrap,'" *Ecological Critique and Objectives in Design* 3:3 (1994), 101.

銷、耐用和價格便宜的優勢。

但是，當我們認真研究設計留下來的長期影響時，卻發現一些令人不安的事實。首先，正如我們上面提及的，椅墊在正常的使用下磨損，所以我們在設計時，必須考慮到這些產品中有些微粒可能會被吸入或吞入人體。PET被合成染料或化學物質所覆蓋，還含有其他一些有爭議的、不應進入人體的東西。這種椅墊在使用後，不能夠再成為工業或者生物養分。回收自寶特瓶的PET不能安全返回土壤，而且這種棉纖維也不能在工業循環中回收。這種混合將產生一個怪誕複合物，增加掩埋場的垃圾，而且還可能是危險物，這樣的產品不值得我們去製造。

我們向客戶清楚地陳述我們的意圖：我們想創造出一種能進入生物新陳代謝或者工業新陳代謝的產品，這個挑戰讓我們有機會更清楚地表達我們的理念。設計小組決定設計一種能夠食用的安全紡織品：人即使吸入了它的一些微粒，也不會危害身體；它在使用並處理後，對自然系統也沒有危害。實際上，它會作為一種生物養分，提供自然營養。

被我們選擇生產這種紡織品的工廠是歐洲最好的紡織廠之一，它完全符合環境檢測的標準。但是它卻面臨一個有趣的困境。儘管工廠主管凱林(Albin Kaelin)一直致力於降低有毒物質的排放水準，政府還是認定工廠廢棄的紡織品邊料含毒超過標準。凱林被告知這些邊料不能掩埋在瑞士，也不能在瑞士境內進行焚化處理，必須運送到西班牙進行處理（請注意在此自相矛盾之點：一種織品的邊料不能在境內焚化，不能在境內掩埋，而必須被「安全地」運送出國處置，但是織品本身卻能夠「安全地」作為辦公室和居家使用的產品，在國內市場上出售）。我們希望我們現在設計的新紡織品邊料，能夠具有與上面提到的那些邊料不一樣的命運：在太陽、水和那些能分解廢棄物的微生物幫助下，成為當地花園土壤中的養分。

紡織廠對那些終日坐在輪椅上的人進行調查，發現他們對坐墊所採用的紡織品材料，最看中的是它的耐用性和透氣性。開發者決定開發一種安全的、用未使用殺蟲劑的植物纖維和動物纖維織成的紡織品：含有能在冬夏隔溫的羊毛和能夠防潮的萱麻。這些纖維織在一起，就能夠製造出一種經久耐用、讓人感覺舒適的紡織品。這時，我們開始面對設計中最困難的一個環節：如何選擇紡織品的塗飾、染料和工業處理化學品。我們決定在處理過程的一開始而不是在結束時，就將會誘導有機體突變的物質、致癌物質、內分泌干擾物質、可長久存在的有毒物質以及會在生物體中積累下來的物質篩選掉。事實上，我們的設計要超出無害紡織品的設計，要設計有養分的產品。

有六十家化學製品公司拒絕參與這個項目的開發工作，它們不願意將其化學品暴露在如此嚴格的審視下，最後只有一家歐洲公司同意加入我們。在其幫助下，我們將紡織工業中常用的八千多種化學物質剔除出設計考慮，因此也免除了對附著劑與中和過程的需求。舉個例子來說，放棄使用某種染料，也就免除了再添加其他一系列的有毒化學物質來保證它的穩定不褪色。此後，我們開始尋找具有**正面**效益的物質。我們完成了這個選擇，僅僅使用三十八種材料，就製作出了我們希望的紡織物纖維。看起來耗資巨大、勞神費力的研究過程最後解決了很多問題，開發出了品質更高、更經濟的產品。

這種紡織物開始投入生產。後來工廠的主管告訴我們，當環保法規執法人員來到工廠對工廠排放水進行檢測時，他們還以為他們的儀器壞了。因為儀器找不出任何的汙染物，甚至找不到他們已知進入工廠的水中應該含有的汙染物。為了確認他們的檢測設備沒問題，他們對城市供水總管口的水進行檢測，結果顯示那些設備正常無誤。對大多數參數進行比較顯示：從工廠裡流出的水和城市供水一樣清潔，甚至比供水還要清潔。當一個工廠排出的水比供水更清潔時，誰都願意使用這種「排水」。這種融於生產過程的設計，受益匪淺，且意外的收穫是沒有成本花費，不需要靠強制手段來執行。這種新的設計方法，不僅避免了傳統對環境問題的應對方式（減少、再利用和回收），也排除了對法規的需要，這是一件每個生意人都認為極有價值的事情。

這種設計方法具有額外積極的作用。工人們把那些以前用來儲存危險化學品的庫房當成休閒場所，或是新的工作場所，安全規章的制定不需要了，工人們也不用戴手套和防毒面具。紡織廠的產品變得如此成功，這使它開始面臨一個新問題：經濟效益太好，這是業界求之不得的事。

作為一種生物養分，這種紡織品體現了自然界的豐饒。消費者使用完這些紡織品後，可以簡單地把它從輪椅上扯下來，並不會有任何罪惡感，將它們扔到土壤中或進行堆肥，甚至會是一種享受。讓我們接受這樣一個事實，扔東西變成一種樂趣，毫無自責地向自然界饋贈養分是無可言喻的快樂。

## 工業新陳代謝

**工業養分**指的是能夠返回到工業循環，返回到工業代謝中的材料或產品。比如說我們曾研究過一般的電視，是由四三六〇種化學物質所組成的，其中有些物質有毒，但其他更多的是對工業有價值的養分，卻在電視機最終掩埋時被當成廢棄物。只要把這些工業養分與生物養分隔開來，予以升級回收而不只是回收，便能維持它們在封閉式工業循環中的高品質。舉例來說，堅固的電腦塑膠外殼可以繼續作為堅固的電腦塑膠外殼循環使用（或用作其他高品質產品，如汽車零件和醫學設備），而不是降級回收製成隔音板或花盆。

亨利・福特曾用板條箱裝運A型卡車，當卡車到達目的地，板條箱則變成了卡車層板，這是升級回收的早期形式。我們正在啟動一個類似的初步實踐：韓國的稻殼用作音響元件和電子裝置的包裝填充物，隨產品一起運到歐洲，這些包裝在歐洲再利用成為製作磚頭的材料（穀殼裡含有高濃度的硅）。這種包裝材料是無毒的（稻殼比回收報紙填充更安全，因為報紙中含有毒性油墨和粉塵會汙染室內空氣），而它的運輸成本已包含在電子產品不可缺少的運輸成本中，廢棄物的概念便不存在了。

工業物質可以透過特別設計以確保多次使用而不降低其高品質。現在，當一輛汽車報廢時，汽車零件中的鋼材會和其他合金與廢鋼混合，加以回收利用。汽車被壓癟、砸爛以進行處理，將車身上高品質的彈性鋼、不銹鋼與其他各種廢鋼和材料一起熔化，大大降低了鋼材的品質和性能（比如說，這種鋼材不能再次用來製造汽車車身）。纜線中的銅也被熔化為普通的化合物，喪失其特殊的工業用途——它不能夠再作銅纜。一種更有發展前景的設計能將汽車的使用，設計得跟印地安人屠宰野牛一樣，從頭到尾都可有效利用。金屬將只跟同類一起熔化，以保持高品質，塑料也一樣。

為了使這個構想更為實際，我們必須引進和工業養分概念密切相關的另一個概念：**服務性產品**（**product of service**）。這裡不再認定所有產品都將被消費者購買、擁有和處置，而是指包含工業養分的產品（比如說，汽車、電視、地毯、電腦和冰箱），被重新設計為人們提供**服務**和享受。在這種情況下，顧客（也就是這些產品的使用者）將可以購買產品在**預定使用期間（defined user period）**內所提供的服務，比如說可以觀看一萬小時的電視，而不是電視機本身。顧客不再為產品使用壽命結束後不能回收的複雜材料付錢。或者當他們使用完產品，隨時可以更新替換。製造商藉由回收舊款、拆解舊產品並使用其中複雜材料作為新產品原料的方式，來更新產品。客戶享受的服務不會超過他需要的期限，想升級就升級。製造商則保持他們對材料的所有權，並繼續進行新產品的設計和開發。

幾年前，我們為一個化學公司解決「溶劑租賃（rent-a-solvent）」的課題。[49]溶劑用來去除機器零件上的油汙。通常，企業會不辭千里去購買最便宜的去漬劑，溶劑使用完畢後，或者自然蒸發，或者排放到廢水中，由汙水處理廠進行處理。「溶劑租賃」的想法是希望，在不出售溶劑本身的同時，能讓消費者使用到高品質溶劑，得到去漬的服務。供應商在供應高品質溶劑時，回收廢液，將溶劑和油汙分離，讓溶劑可以持續使用。這種情況下，企業就樂得使用高品質溶劑（否則怎麼能留住用戶？）並且再使用它；而廢水中也不再含有有毒物質。Dow化學製品已經開始在歐洲試驗這種概念的推廣，杜邦公司也開始積極地實施這個想法。

這樣的理念對工業的材料價值極具推廣意義。例如，傳統方式生產的地毯使

49 布朗嘉於一九八六年首先提出此概念。然而，必須強調的是，這服務尚未最佳化。至今沒有一家接受此概念的公司，完全將這種溶劑作為一種工業養分重新商品化。

用後，消費者得花錢請人清走。就這點來說，地毯是負擔，而不是資產——它們是一堆含有石化產品和潛在毒性物質的東西，需要進行掩埋。這種線性的、從搖籃到墳墓的生命週期，對人類和工業都具有負面影響。一旦顧客購買了地毯，投入到地毯製造過程中的能量、勞力、材料都不再屬於製造商。僅僅就地毯工業而言，每年都有數以千萬磅的潛在資源被浪費掉，靠獲取新的原料來補充。那些想買新地毯的消費者會覺得很為難，需要承擔新產品（不可回收材料的成本肯定包含在價格內）的成本，如果他們考慮環保，還會為棄舊置新感到內疚。

地毯公司是採用我們的服務性產品，或叫「生態租賃（eco-leasing）」理念的第一個產業，但是他們目前僅是將這理念應用到常規的產品設計中。普通的商用地毯是由玻璃纖維為襯墊的尼龍纖維和PVC組成。這種產品使用後，製造商通常會將它降級回收——留下一些尼龍材料進一步使用，將殘餘材料丟棄。還有一種方式是，製造商將所有的東西一起剁碎，重新熔化，用來製作地毯的襯墊。這樣的地毯本來並沒有設計成可以回收，卻被強迫進入一個並不適合它的循環中。但是真正工業養分設計理念的地毯，將完全由安全材料製成，選用能真正回收成新地毯的原料。服務回收運費的成本等於或小於購買地毯的價格。我們設計新地毯的理念，是要將地毯設計成由一個經久耐用的底層和一個可拆卸的頂層組合起來。當消費者想更新地毯時，製造商僅僅需要卸下頂層，換上顏色中意的新頂層，並將更換下來的頂層拿回去作為製作新地毯的原料。

這種情況下，人們可以在沒有任何自責的情況下，全心滿足自己對新產品的占有欲，製造商可以在不怕懲罰的情況下鼓勵消費者這種行為，因為他們知道，雙方共同完成了這個過程中的工業新陳代謝。汽車製造商希望回收舊車以獲得有價值的工業原料。當消費者開走一輛新車時，並不意味著與工業資源說再見，從此再也不回到經銷商那裡。汽車製造商可以與顧客發展有價值的長期關係，在長達幾十年的時間裡提高他們的生活品質，並且持續地為工業本身提供豐富的養分。

將產品設計成服務性產品，意味著設計必須考慮拆解。工業生產沒有必要去設計耐用期超過實際需要的產品。現在許多產品的耐用性甚至能夠做到代代相傳，但這卻剝奪了下一代的選擇權。也許我們希望自己的東西能夠永久使用下去，但是我們的後代想要嗎？他們追求的生活、自由、幸福和快樂的權利是什麼？難道他們就沒有讚美他們自己擁有的豐富物資的權利？然而，只要能安全地實施，製造商將負有永久的責任，去儲存和安全回收他們產品中具有潛在危害的材料。如何才能鼓勵製造商的設計，採用完全沒有危險的材料？

這種系統一旦全面實施，將有三方面優勢：不再生產無用和具有潛在危險的廢棄物；隨著時間的推移，能在原料上為製造商節省幾十億美金；由於新產品的養分持續地循環，它將減少對原料（如石化材料）的開採和像ＰＶＣ一樣有害物質的製造，最終將完全淘汰它們，使得製造商節省更多成本，環境也大大受益。

很多產品都已經邁向生物養分和工業養分的設計途中。然而在可見的未來，許多產品都還難以歸類於任何一種範疇，並且由於它們目前使用的方式，也不能完全被限制在一種新陳代謝中，這些產品需要我們特別的關注。

## 當世界發生衝突

當一種產品不得不以「怪誕複合物」的形態存在時，人類必須想出更多更好的辦法來設計和推廣它，以期對生物新陳代謝和工業新陳代謝都能帶來正面積極的作用。運動鞋是我們常有的東西，讓我們看看這樣一雙普通慢跑鞋在無意中留下的設計影響。散步或者跑步被認為是有益於身體健康、身心舒暢的活動，當我們運動時，慢跑鞋與地面摩擦，釋放出細小微粒，這些微粒中含有可能導致細胞變異的物質、致癌物質或者其他一些可以使細胞繁殖功能降低、氧化性質受抑的物質。接下來一場雨水可能將這些微粒帶到路邊的植物或土壤中。（如果你的運動鞋鞋底含有特殊發泡材料的話，它還可能促使全球氣候變化，因為有些發泡材料最近被發現是促使全球暖化的因素之一。）

重新設計的運動鞋鞋底，可由具有生物養分的材料構成。當鞋子在撞擊地面而逐步磨損分解時，能夠同時替有機的生態循環提供養分，而不是帶來毒性。如果要讓鞋面保持工業養分，鞋子就要設計得容易拆解，以便兩者分別在兩種循環中安全地運行（工業材料被生產商回收）。請著名運動員來做廣告，將他們鞋子上的工業養分回收，能夠給體育用品公司帶來競爭上的優勢。

有些材料因為含有有毒物質，既不能進入有機新陳代謝，也不能進入工業新陳代謝循環中，我們稱之為「存儲品（unmarketables）」，在發現能去除其毒性的技術方法之前，或者不再需要它們之前，需要先採取一些新措施。它們可以被儲存在類似「寄物櫃」的地方——安全的倉庫，材料的生產商應該負責管理這樣的倉庫，或者交付存儲費用。現存的存儲品應該先回收進行安全存儲，直到毒性消失或者變成人類能安全使用的物質。核廢料很顯然就是一種存儲品；如果比較完整描述的話，存儲品的定義應該包括那些已經含有有毒成分的物質。

PVC就是這樣一個例子：它不能被焚化或者掩埋，應該安全地「寄物」，直到有效去除毒性的技術開發出來。現在製造的PET，含有銻元素，也是一種存儲品：如果技術上有創新，像寶特瓶這樣含有PET的商品，將有可能被升級回收，去除銻元素並製成新的聚合物以持續、安全地再利用。

製造業可以實施**淘汰廢棄物**計畫，存儲品（存在安全隱憂的廢棄物和養分）

將從現在的廢物流中剔除。現在市面上的聚酯產品可以收集起來，去除當中的銻元素，聚酯則留在紡織品中，最終被掩埋或焚化，因此會回到自然系統和養分流中。同樣的，怪誕複合物能夠被從垃圾掩埋場收集和分解。在聚酯與棉花的混紡中，棉可以被分離堆肥，聚酯返回到工業循環中。製鞋公司也可以從鞋子中回收銘。其他行業可以回收電視機和其他產品的零件，而不用掩埋。要成功實現這樣的轉變，需要該領域內的領導人士展開有創見的改進。

現有產品的製造商，是否應對造成今天的破壞而感到內疚呢？答案是否已經不重要了。瘋狂的意思是，一而再、再而三地做同一件事情，卻期待出現不同的結果。疏忽則是，明知事情是危險的、愚蠢的或者錯誤的，卻一而再、再而三地做同一件事情。既然已經知道，現在就是改變的時候了。雖然到了明天，疏忽仍舊會出現。

# 尊重多樣性
## Respect Diversity

讓我們來看看這個星球上生命的原始開端。在這個星球上，地上有石頭和水——物質，天空有太陽送來光和熱——能量。雖然科學家們仍未完全瞭解物理化學變化的過程，單細胞細菌早在千百萬年前就出現了。伴隨著能進行光合作用的藍綠藻類繁衍，不朽的轉變發生了。在太陽物理能量的作用下，物理變化和化學變化同時發生，於是地球上的化學物質發生轉化，地球成了我們現在所熟悉的寶藍色行星。

地球上現在的生物系統，靠來自太陽的能量發生演變，萬物競相出現，星球表面各種生命蓬勃生長，不同的有機體、植物、動物交織成一張網，其中的一些生命在數十億年後創造出強大的宗教信仰，發明出致命疾病的治療方法，寫出了偉大的詩篇。即使發生了某種自然災害，比如說冰河期使大部分地球表面冰凍了，這種生命模式也沒有被破壞。一旦冰河消融，生命又捲土重來。在熱帶地區，火山爆發會將周圍的地區都湮滅於灰燼之下。但若是某個椰子殼隨波漂流，最後被衝擊成碎片散落在海邊，或者是某個孢子、花粉御風而行，飄落於某個峭壁懸崖之上，便會重新開始編織起自然的網路。這是一個奇妙的過程，但卻是一個極度頑強的過程。面對荒瘠的世界，自然總是勤奮地填補空白。

這是自然界生長的基本架構：多樣性、豐富性的繁衍。這是地球對於太陽——它能量之源的回應。

與這個架構相反，人類的回應也許可以被稱作「千篇一律的破壞」。混凝土和柏油吞噬著森林、沙漠、海岸、沼澤、熱帶叢林——公路所延伸到的任何地方。在那些數十年來，甚至數百年來建築樣式華麗且富有文化特色的地方，卻興起了很多風格呆板、外飾單一的建築。那些曾經充滿生機、多種野生動植物出沒的地方變得荒涼貧瘠，只有生命力最頑強的物種——烏鴉、蟑螂、老鼠、鴿子和松鼠僥倖存活下來。豐富的自然景觀被改造成了物種單一的草皮（這些草被人工催長並定期修剪），草皮規劃整齊，其中還點綴著幾棵嚴格修剪的樹木。這種千篇一律的人類設計四處蔓延，將所到之處的自然之美無情扼殺。尋求的只是簡單的自我重複。

我們把上面提到的這種現象視作**退化**——大規模地簡化，這還並不只限於生態領域。千百年來，世界各地的人們發展了具有地域特徵的多種族文化，人類擁有各色的飲食、語言、服飾、崇拜、象徵、創造的方式。但是，隨著一股均一化的浪潮席捲全球，沖刷掉了多元文化中各具特色的東西。

為反抗這種均一化的浪潮，我們提倡「尊重多樣性」的自然法則。這個多樣性不僅僅包括生物多樣性，也包括空間和文化的多樣性，欲望和需求的多樣性，這些都是人類獨有的因素。怎樣才能使建在沙漠氣候下的工廠，有別於建立在熱帶雨林中的工廠？身為一個峇里島人或墨西哥人意味著什麼？如何加以表達？我們怎樣才能使本地物種更加豐富，並且把它們自然地納入我們所「加工」過的景觀中，而不是破壞或是驅趕它們？我們怎樣才能從自然界能量流動的多樣性中獲得利潤和快樂？我們怎樣才能將豐富多樣的材料、選擇和回應，與各種創造性的、優雅的解決方案糅合在一起？

## 適者生存，最適者興旺

普遍觀念認為適者（fittest）生存，最強大的、最精幹的、最龐大的，甚至最卑鄙的——只要能擊敗競爭對手。事實上，在一個健康、繁榮的自然系統當中，只有**最適者（fitting-est）**才能興旺。最適者意味著在能量和物質上與周圍環境相互協調，和周圍環境建立一種相互依存的關係。

回過頭讓我們再來看螞蟻。[50]我們也許對於「螞蟻」只有一個基本的印象，但實際上生活在這星球上的螞蟻種類超過八千種之多。經過了千百萬年的進化，每一種螞蟻都適應了自己那一片獨特的小天地，形成了許多地域特徵和行為習慣，

50 Erich Hoyt, *The Earth Dwellers* (New York: Simon & Schuster, 1996), 211-13.

使牠們能夠有效地開發居住地和甄選它們需要的能量和養分。在雨林地區，數百種螞蟻可以在同一棵樹冠上和平共處。在牠們當中，有切葉蟻，長有天生用來剪切和運送樹葉的前額；有食用腐爛物的火蟻，擁有將各種體積獵物搬進巢穴的先進集體運輸方式；有織蟻，具備先進的訊息交流系統，能用來召喚同類和工蟻參加戰鬥；有捕獲蟻，牠凶狠能猛咬獵物的雙顎可是具有傳奇色彩。在這個圈子附近，還有單獨覓食的螞蟻、集體覓食的螞蟻和豢養蚜蟲類「家畜」以從牠們身上搾取甜汁的螞蟻。牠們以一種令人驚訝的方法利用太陽能——同一群體的數百隻工蟻聚集在森林的地面上沐浴陽光，然後把牠們身上的溫暖帶回到地下的巢穴。

要成為最適者，螞蟻並不需要去傷害其他與之競爭的物種。相反的，牠們十分具生產力地在牠們的生態棲位*中競爭——科學家用這個詞來描述同一生態系統內，各物種各自棲息和享用資源的區域。研究過雨林地區複雜生態系統的特波夫，在他的著作《熱帶雨林和生物多樣性》中解釋十種螞蟻是如何在捕食同種類昆蟲時，卻又共生於森林的同一塊地方。一種螞蟻定居在靠近地面之處，另幾種棲息在樹林的中層空間，而其他的幾種則占據著樹梢。在不同的空間，牠們取用不同的食料——一種生活在中層的螞蟻收集樹葉來餵養昆蟲，另外的蟻種則收集嫩梢和枝椏，以此類推，都為其他物種的生物棲位留下食物。[51]

生態系統的生命力依賴於系統內物種間的相互關係，是在特定地區物種彼



* Ecological niche，任何一種生物，都有其最適合生存發展的環境，泛指生存地點、食物來源、活動空間、繁殖方式、覓食條件、食物鏈位置。

51 John Terborgh, *Diversity and the Tropical Rain Fores* (New York: Scientific American Library, 1992), 70-71.

此間物質和能量的交換。在描述多樣性時，我們經常用織錦地毯來譬喻，不同物種因相互承擔義務而交織在一起形成聯繫緊密的網路。[52]在這種背景下，多樣性意味著健康，而單一化則意味著虛弱。一根一根地去掉這些織線、這些相互的關係，生態系統就會變得越來越不穩定，越來越不能承受自然災害和疾病的侵害，越來越不能保持健康並隨著時間進化。多樣性越豐富，更多富有成效的功用——對於生態系統，對於這個星球——就會發揮出來。

生態系統當中每一個棲息者都和其他物種在一定程度上相互依存。任何生物都與整個系統的命運休戚相關。所有生物在其中都創造性地、有成效地發揮作用，以實現整個系統的興旺。以切葉蟻為例，循環使用養分，將養分帶入更深的土壤層，讓植物、蚯蚓和微生物進行處理，所有這些都是牠們為自己收集和儲存食物過程的幾個環節。任何地方的螞蟻都會翻鬆和疏通植物根部附近的土壤，以利水分滲透。樹木可以蒸發和淨化水分，製造氧氣，並冷卻地球表面。每個物種的活動都不僅僅關係到自身和自身所處的小環境，也關係著全球（實際上，有些人，比如那些信奉蓋婭理論的人，甚至將整個世界看作一個巨大的有機體）。

如果自然界是我們仿效的對象，那麼人類工業要置身其中，並保持和豐富這幅自然織錦毯的絢麗，意味著什麼？首先，這意味著在人類的自身活動應致力於和所處空間有更充分的關聯，不只是單純的和生態系統有關聯，生態多樣性只是



52 William K. Stevens, "Lost Rivets and Threads, and Ecosystems Pulled Apart," *The New York Times*, Jul 4, 200.

多樣性的一個層面。能體現多樣性的工業應該是與當地的能量和物質流，與當地的社會、文化和經濟力量密切相關的工業，而不是把工業本身當作一個獨立的自治體，與周圍的文化和自然景觀都隔絕開來。

## 永續性具有在地性

一旦我們認識到所有的永續性（就像所有的政治）都具有在地性，我們就開始努力使人類系統和工業與周圍環境相互協調。我們把它們與當地的物質和能量流串連起來，也與當地的風俗、需要和喜好聯繫起來，從分子層面到區域層面都囊括其中。我們要考慮我們所使用的化工產品，將如何影響當地的水系和土壤——不是汙染，而是怎樣提供養分？這種產品應由什麼成分組成？生產這種產品對周圍環境會怎樣？產品的製造流程與上游環節和下游環節是怎樣互動的？怎樣才能創造出更多的就業機會，用以提高當地的經濟水準和人類的健康，並為將來積累生態和技術上的財富？如果我們從很遠的地方進口一種材料，我們要把發生在那裡的事情當作一個本地事件。就如我們在《漢諾威原則》中所寫：「承認相互依賴性。人類系統是與自然界交織並依賴於自然界的，在任何層面上都有廣泛而多樣的聯繫。我們應該在設計時擴大思路，不要忽視那些來自遠方的影響。」

一九七三年，麥唐諾和他的導師來到約旦，著手制定約旦河流域東岸未來的長期發展計畫，因為政治邊界的劃定終止了貝都因人傳統的游牧遷徙，將來需要建造一座讓貝都因人能夠定居下來的城鎮，他們小組的設計任務是確定如何建造這樣一座城市。一個與其競爭的設計小組提議採用具有蘇聯風格的活動式房屋，這種類型的房子在東歐前共產主義國家和前蘇聯隨處可見，從西伯利亞到裏海沙漠，這樣的房子比比皆是。按照他們的設計，這些房子得從阿曼附近一個位於丘陵地帶的工業中心，用卡車經過崎嶇不平的山路運送下來，安放在約旦河流域地區。

麥唐諾和他的同事們提出了一個順應當地條件、鼓勵使用磚土結構的建議。當地的人們可以利用他們手邊的材料——黏土和植物莖稈，馬匹、駱駝或者羊等家畜的毛，和充足的陽光（這也很重要）——來建造。材料都很原始，容易理解，這尤其適合酷熱乾燥的氣候條件。這些房屋的結構設計能隨著晝夜和季節的變動讓室內溫度達到最佳化：這種建材蓋成的房屋可以在夜晚吸收和儲存空氣中的涼爽，在白天降低炎熱沙漠中的室內溫度。他們小組在該地區尋找那些年長的工匠，這些工匠教他們如何建造這種結構（尤其是圓屋頂）的房屋，並且還可以培訓年輕的貝都因人（在帳篷中長大），讓他們能夠在將來傳承這項工作。

在各層面上幫助這個小組作決策的主要問題是：什麼是因地制宜？他們的結

論是：既不是那些預製房屋，也不是用一種世界流行的所謂現代風格來改變當地的景觀。他們希望自己的設計計畫，能夠在幾方面促進這個特殊社區的發展：房子用當地的材料來建造，這些材料都是在生物和技術上可以再利用的；採用這些材料和聘請當地的工匠可以繁榮當地的經濟活動，提供盡可能多的居住條件；請當地人參與建造社區的過程，有利於保持當地的文化傳統，而建築設計的特色也有助於當地文化傳統的繼承；聘請當地的工匠，對當地的年輕人進行如何使用本地材料和技術建造房屋的培訓，則促進了世代之間的聯繫。

## 就地取材

永續性的在地性雖不局限於材料，但卻始於材料。使用當地材料替當地產業開闢了一條致富之路。同時也能避免生物入侵的問題。當地方之間進行材料交易時，往往在無意中也帶給脆弱的生態系統入侵性的非本地物種。栗樹枯萎病，是造成美國栗樹滅絕的罪魁禍首，它就是從中國進口的一塊木料帶來的。栗樹曾經是美國東部森林的主要樹種。許多土生土長的物種都和它們一塊進化，現在這些物種全都滅絕了。

我們不僅應考慮材料本身，也應考慮材料的處理過程及對周圍環境的影響。不再像以前那樣開荒闢野，破壞自然景觀，我們琢磨著怎樣才能將更多的本地物種吸引回來（就如我們在Herman Miller工廠所做的那樣）。一旦把永續性看作一個既是在地也是全球的課題，我們就能理解，將垃圾送到下游地區，或者運到國外缺乏管制的海邊，和讓垃圾汙染本地的水和空氣一樣，令人無法接受。

也許有效使用當地材料的最佳例子，是人類垃圾的處理——即「廢物即食物」原則的最基本應用。我們一直都致力於培育用生態原理（透過自然對垃圾進行分解和淨化）處理下水道汙物的植物，用以取代傳統粗糙的化學處理方式。生物學家托德（John Todd）把這些系統叫作「活機器」，因為它們利用活的生物體——植物、藻類、魚類、蝦、微生物等——來淨化水，而非使用像氯這樣的有毒物質。這些活機器經常被用於溫室中製造的人工環境裡，但它們還有其他應用形式。有一些已經被我們結合並應用到人類系統中，為適應各種氣候條件而設計。其他還有對濕地的改造，在有毒汙水中種植蘆葦叢，再配備推動汙物排出的小風車。

對於開發中國家來說，這種處理汙物的方式，提供了一個絕佳機會來進行養分流動的最佳化、並加速推動其實施。由於熱帶地區高速發展，人口數量在膨脹，淨化汙水（經正常途徑處理汙水後排入水系統）的壓力也在增加。我們摒棄從長遠看來效用並不高的泛用汙物處理系統，而使用那些具豐富文化特色、能夠使廢物變成食物的新型處理系統。

一九九二年，由布朗嘉和他的同事研製的垃圾處理示範系統，在巴西里約省的西瓦花園（Silva Jardin）問世。它是在當地製造，採用陶土管道將村里居民產生的汙水運送到一個大的沉澱池裡，然後再導入一系列縱橫交錯的小池塘，這些小池塘裡生長著大量的植物、微生物、蝸牛、魚蝦。設計這個系統的目的，是為了在處理汙水的過程中重新獲取養分，同時產生清潔、乾淨的飲用水。農民們競相購買這種淨化過的水和可以用作莊稼肥料的汙泥，內含氮、磷和微量元素。汙物不但沒有成為一個負擔，反而從一開始就被認為很有價值。

我們正在印地安納州的一個社區從事相關工作，這項工作是在寒冷的冬季將淤泥（汙物中的固體部分）儲存在一個地下池子裡。到了陽光強烈而照射時間長的夏季，再將這些淤泥搬運到一個巨大的室外花園和準備好的濕地上，植物、微生物、菌類、蝸牛和其他生物體在此完成淨化淤泥的工作，在太陽能量的作用下利用其中養分。這個系統在許多方面都與當地條件密切相關：它與季節更替相配合，在可以利用太陽時充分使用它，而不是在太陽能不足的冬天強制進行汙物處理。它使用本地的養分和植物，處理汙物同時還能將合格的飲用水返回到蓄水層，同時提供養分來維持一個可愛的花園。這個社區最終到處是淤泥處理「工廠」——這就是生物多樣性的生動見證。

還有一點，在這個案例中，當地只有一個合適地點來進行汙物的處理，是在社區邊上並緊靠著一條主要公路的地方，恰巧處於該社區的上游地區。由於已經使產生的汙物影響局限於當地，因而居民們就會慎重考慮他們向下水道裡傾倒危險物質、混合化工原料和生物原料的行為。這個處理設施使他們清楚地認識到，他們產生的汙物不是抽象意義上的汙物，而會切實影響到自己和他人的生活。即便我們能夠做到將汙物處理點安放在本地區之外，我們也應該按照它被安放在當地一樣來規範自己的行為。就整個星球而言，我們全都處在下游。

## 連接自然能量流

在一八三〇年代，愛默生乘坐帆船到了歐洲，又乘坐汽輪返回。如果我們象徵性地看待這個時刻，可以說他去的時候乘坐的是一艘可循環利用的船，這艘船以太陽為動力，憑藉水手高超的御風技巧來駕駛。他返回時乘坐的則是一個往水裡噴油，向天空冒煙，銹跡斑斑的鋼鐵容器，靠工人在昏暗的倉房中向鍋爐內鏟送化石燃料來驅動。在他乘坐汽輪返回時寫的航海日記中，愛默生的描述充滿了對風力的渴望。他對人與自然界之間的關係發生改變而可能帶來的後果感到疑惑。

其中一些後果可能會令他非常沮喪。隨著新技術和能源的掠奪性開採（比如石化燃料），工業革命賦予了人類前所未有的超過自然的力量。人們不再那樣依賴自然，在面對滄海桑田的變遷時也不再像以前那樣無能為力。他們可以征服自然，實現以前從來沒有過的野心。但在這過程中，原有的關係中斷了。住宅、建築、工廠、甚至整個城市與自然界之間的能量流切斷了，它們實際上就像是一艘汽輪。柯比意曾說過建築是居住的機器，他還讚美過汽輪、飛機、汽車和收穀機。實事求是地說，他所設計的房子有著整體通風系統及其他對人類友好的成分，但是由於他的想法被現代化運動所採納，這些想法後來演化為機器般千篇一律的設計。玻璃，這種無處不用連接室內外的材料，成為分隔我們和自然的一種途徑。當豔陽高照時，人們卻在日光燈下辛勤勞作，本質上和在黑暗的夜晚沒什麼差別。我們的建築也許是用來居住的機器，但是它們本身也沒有多少生命的氣息存在。一九九八年《華爾街日報》上有一篇文章，報導我們設計的建築具有可開啟窗戶的新奇特點，該文認為這將會是一種新的熱門產品，反應出對當代商業建築的一種極低評價。

與上述這些建築有著天壤之別的是，在殖民時代的新英格蘭地區有一種不對稱的雙坡頂房屋，靠南面一側建得很高，集中開設了房子的大部分窗戶，使房間最大限度地暴露在冬季陽光的照射之下（在夏天，西南邊巨大楓樹的葉子可以替房子提供蔭涼）。房間中部的爐子和煙囪構成了一個壁爐，北邊低矮的屋頂可以抑制熱量向外傳播，北面窗外四季長青的植物也會起一定的輔助隔熱作用，確保了壁爐加熱室內的效果。建築結構和周圍景觀交相輝映，渾然一體。

在以汽油為動力的後工業時代，我們很容易忘掉這樣一個事實：不僅僅是當地的原料和風俗習慣有其出處，能量流其實也不例外。不管怎樣，在不那麼工業化的地方，有創意地善用能量流的方法依然層出不窮。澳洲海岸的土著有著簡單的、一流的利用太陽能辦法：將兩根叉狀的樹枝支起來，在上面架一根杆子當作大樑，寒冷的時節在南邊蓋上像瓦片一樣疊起的樹皮，這樣他們就可以坐在溫暖的北側陽光下取暖。夏天時，他們將樹皮挪到北邊，擋住陽光，坐到另外一側蔭涼的地方。整個「建築」因地制宜地用幾根樹枝和樹皮巧妙地搭建而成。

風塔，數千年來一直在炎熱氣候下用來捕獲氣流，並將這些氣流吸入房屋內。在巴基斯坦，頂著「風穴（wind scoops）」的煙囪其實就是吸入氣流，然後將其沿著煙囪向下導送，在煙囪的某個地方或許有一個小水池，讓氣流在進入室內前得到冷卻。伊朗的風塔則由一個可以不斷淋水的通風結構組成：空氣進來後沿著一側淋水的煙囪流動，進入房子時便已冷卻了。在印度北方的法第普西克里城，多孔的沙石屏風（往往是經過巧妙加工而成）裡面充滿了水，可以冷卻通過它的空氣。在中國的黃土高原，人們以挖掘窯洞為家，用來擋風遮陽。

但是隨著現代工業化及其產品的發展，比如大量使用窗戶玻璃，大量採用石化燃料來獲得廉價方便的製熱製冷效果。像上面那樣就地取材的巧妙構想，在工業化的地區日漸消亡，即使在農村地區也呈衰落之勢。最奇怪的是，現在專業的建築師們，即使不懂古代建築和設計定位的基本原則，似乎也能工作。當麥唐諾和幾個工程師談話，當他問到誰知道如何找出真正的南方——不是地磁場的南方也不是地圖上南方，而是真正的太陽南方，很少甚至沒有人能夠回答（更奇怪的是，也沒有人提出要學習如何去找）。

與自然流動相連接，讓我們對陽光下的一切事物重新進行思考，重新考慮發電廠、能量、居住地、運輸等的真正概念。它意味著將古老的和新興的技術相融合，以實現前所未見的智能設計。但這並不意味著我們要變得「獨立」。人們的想法裡一提到利用太陽能，就與「廢除現有的電力網路」概念聯想在一起，也就是與目前的能源基礎設施切斷聯繫。這根本不是我們要表達的意思。首先，重新實現與自然流動的連接必須逐步進行，利用現有的系統是一種明智的過渡方法。在更多的最佳化方法被發現和應用時，可以設計出利用當地可再生能源加人工能源的混合系統。有些情況下，與太陽能一樣，風能、水能也能夠被導入當前的能源供應系統中，這樣可以顯著地減少對人工能源的需求，甚至可以節省資金。這樣做是具有生態效率的嗎？肯定是。但在這裡，生態效率只是一個實現更高理想的工具，其本身並不是目的。

從長遠來看，與自然能量流連結的基礎，應仰賴我們重新構造地球和太陽的連結。太陽是地球上一切成長能量的來源，位於一億五千萬公里（正好是我們期望的距離）之外的巨大核電廠。即便這樣的距離，太陽的熱量也可以是具有破壞性的，為使得自然能源流的應用成為可能，需要構造一個精密、和諧的環境。人類之所以能在如此強烈的光和熱輻射下繁衍生息，只是因為在億萬年來的進化過程中，已經產生出支持我們存在的大氣層和地球表面——土壤、植物、雲層，它們冷卻地球並將水降落到地球各地，使大氣層保持一個可以讓我們生存的溫度範圍內。所以從定義上講，重建我們和太陽之間關係的第一步，就是保持我們和所有其他生態環境間的相互依賴關係，是這一切讓自然能源流成為可能。

下面是一些最佳化能源生產和使用的思考與案例，多樣性在其中扮演了一個關鍵角色。

## 朝向多樣化和可再生的能量流

上文中，我們討論過多樣性如何使生態系統更具彈性，更能對變化做出有效的反應。在經歷突發狀況時——像是二〇〇一年夏天，加州罕見的高溫引發的能源需求，導致了輪流限電、電價飆升，甚至引發了對能源公司的起訴*。只有更複雜的系統才能適應和倖存。對於經濟系統來說也是一樣：分散式的產業讓為數眾多的小型企業得以加入，一個更穩定、更有彈性的系統對於供應商和消費者都更合適。從生態效益的觀點來看，能源供應的最大創新是供電方由當地的小規模

* 指安隆（Enron）能源公司，二〇〇一年宣告破產，破產前為美國最大能源公司，後爆發一連串醜聞：管理高層涉及內線交易、掏空、作假帳等。

發電廠組成。舉個例子，我們與印地安納州的一家公用電力公司的合作中看到，僅能提供三個街廓用電的超小型發電廠結合起來，遠比集中式發電有效率。更近的送電距離能顯著降低高壓輸電的電力損失。

核電廠和其他大規模能源供應系統排放出大量的廢熱，這些熱量沒有被利用，就排入其附近的河流內，還擾亂了周圍的生態系統。一旦採用小規模的能源供應方式，利用這些廢熱來滿足當地的需求就成為可能。比如說，在飯店，甚至是住宅，如果採用小型燃料電池或小型渦輪機來供電，其產生排放的熱水可以馬上投入使用，對商家和住戶來說都極為方便（且經濟）。

與其安裝更多的大規模發電設備來滿足尖峰期的要求，電力公司還不如將太陽能光電板整合到目前提供服務的系統中。電力公司請求居民和商家出租他們住宅和辦公室的向陽面或屋頂來安裝這些設備，或者是申請已安裝的太陽能光電板使用權（順便提一句，這些屋頂的形狀並不一定非要看起來像太空計畫中的集熱板。通常，平坦的商用屋頂就很容易接受太陽能，並且最廉價的太陽能陣列就是像瓦片一樣鋪蓋在屋頂。在加州的許多地方，這些光電板現在都是經濟有效的）。在用電尖峰期，這種多樣化的供電系統與當地的負荷大小更契合；供電需求最大的時刻，是太陽照射最強時空調使用的高峰期，這正好是太陽能光電板工作效率最高時。比起單一用煤、天然氣和核能等集中能源供應來說，這種方式可以更有效地滿足尖峰用電需求。

另外一種應對能源需求和價格劇烈波動的方式：使用一種在接收電力時也接收當前電價資訊的「智能」電器，據此來選擇使用電力還是使用替代方案，這種電器就像根據股價漲跌來決定買入或賣出的經紀人一樣。在夏天下午兩點鐘，空調的大量使用會導致整個城市瀕臨限電邊緣，為什麼你偏要為冰箱裡牛奶的製冷支付黃金時段的電價呢？解決的方法是：你的電器可以根據你所設定的標準，來決定什麼時候購買電力，選擇什麼時候使用在前一天晚上低電價時製好的低溫共融鹽(eutectic salt)或冰塊，以保持冰箱處於低溫直到電力需求和價格開始下降。這樣也許有點歷史倒退的意味，就像過去我們說：哇，你有一個冰櫃了。但是透過這樣一個簡單的操作，你可以使自己得到最便宜、最容易獲取的電力，你也不會在用電高峰時，和醫院急診室爭奪電力使用。

對多樣性和就地取用資源的關注，導致一家大型汽車製造廠在能源使用上的重大變革。工程師一直以來都苦於找不到讓工人舒適的可行辦法。所有那些能夠省一點點錢的小事加總起來也省不了多少。他們一直致力於使用一種典型的加熱和製冷方式：加熱爐和空調器組合在一起，安置在靠近屋頂的地方，自動調溫器安放在組合件的邊上，用來感知建築製冷或供熱的需求。在冬天，熱空氣往屋頂流動，室外的冷空氣湧入，這些冷空氣需要被加熱爐再次加熱，由氣泵向下吹送以代替那些湧入的冷空氣。這個過程中的空氣流動帶來令人討厭的氣流，也需要更多的熱量。

專業供應有限公司（Professional Supply Inc.）一名叫凱瑟（Tom Kiser）的工程師提出一個全新的方法，不再像過去那樣，透過屋頂「高效率設計」的風扇和管道，將大量的冷風或者熱氣（隨季節不同而變化）高速地向下吹向員工。他建議將建築本身當作一個巨大的通風管道。當廠房內的空氣被四個簡單的大型裝置——空氣壓縮機——加壓時，建築上的任何通風孔，比如窗戶和門，就會像汽車內胎上的針孔一樣漏氣，讓室內空氣泄漏出去而不讓室外空氣進來。這樣有很大的好處。天氣炎熱時，只需要簡單地向房子裡面注入溫度合適的空氣，形成一個氣層，它們會自己下沉到廠房的地面，而無需借助於各種空調設備或高速的鼓風機——這些設備不論運行效率有多高，運行起來都要花費昂貴的成本。冬天，在廠房上部形成一個冷空氣罩，使廠房內設備運行時產生的熱量保留在廠房地面，那裡正是人們需要熱量的地方（廠房內不會出現由大量空氣流動帶來的風，溫度保持在約攝氏二十度就足以讓人感到溫暖）。換一種說法，凱瑟的聰明之處就在於使用冷空氣來保溫。溫度調節器被安置在靠近員工的地方，而不是在屋頂的空調設備旁；根據人的需要來加熱和製冷，而不是根據建築物的需要。

這方法還產生了附加效益。比如說，在以往的系統裡，門窗的開啟和關閉會不斷地將令人不適的冷、熱空氣放進來。一個加壓的系統將不需要的空氣拒之門外，而不是必須通過冷卻或加熱來維持室內的狀態。空氣壓縮機（將所用能量的百分之八十變成了廢熱）、焊機和其他設備運行時產生的熱量，很容易被大型裝置收集起來並加以利用。它將平常廢棄的熱量變成有用的資源。如果你在這樣一個系統的基礎上，再設計一個可以冬天擋風、夏天隔熱並且可抵擋日光照射的草皮屋頂，那麼你就已經將這個建築物設計成一個空氣動力學的範本，像設計一部機器來設計它，但這次不是一部居住的機器，而是一部有生命的機器。

## 利用風能

風力為打造一個利用混合能源的系統提供另一種可能性，這個系統能夠更有效地利用當地資源。在「風城」芝加哥（我們正在和市長達利一起致力於把它建造為美國最綠的城市），和水牛山脊（Buffalo Ridge，綿延於明尼蘇達州和南達科他州邊境，有時被戲稱為多風的沙烏地阿拉伯）這樣的地方，不難想像當地風力資源極富潛力。我們在水牛山脊上目睹了數兆瓦的風力發電廠，明尼蘇達州也已經提出鼓勵發展風力發電廠的計畫。西北部太平洋沿岸現在也將自己視為風力發電的基地，在賓夕法尼亞州、佛羅里達州、德州，新的風力發電廠不斷湧現。這幾年來，歐洲也已經制定了雄心勃勃的風能發展計畫。

然而從生態效益的角度來看，傳統風力發電廠的設計並不總是最好的。新的風力發電廠規模非常巨大，常常由多達一百台風力發電機（實際上就是風力渦輪機）組合在一起，每一組的葉片都要占美式足球場那麼大的地方，能發出一兆瓦的驚人電量。開發商傾向於建造集中的基礎設施，但是除了風力發電機本身以外，電廠所需要的高容量輸電線路意味著，建立新的巨型風電塔將會破壞田園詩般美麗的自然景觀。此外，現代化的風力發電機，也沒有用生態智能材料設計以變成工業養分。

回想一下那些著名的荷蘭自然風景畫。風車通常都矗立在農場裡面，離田地很近，可以用來方便地提水和碾穀。它們以合適的規模分布於各處，由當地材料建成，並且看起來很漂亮。現在再回頭看看零星分布在大平原上寥寥幾家農場裡的新風力發電機。由於和太陽能光電板一塊使用，電力公司可以從農場主那裡租賃土地來安置這些太陽能光電板，這樣就可以藉由最佳化目前的電力網路，來配置風力發電機和太陽能光電板所產出的電力，需要新增的風力發電機並不多。農戶們得到了額外收入，電力公司得到電力和擴增電力網路。我們對於汽車用電的提案之一就是利用風能，稱之為「御風而行」。

如果有些人難以想像這樣的能源系統能成為能源的主力供應，那麼請想一想：擁有巨大工業能力可以每年生產數百萬輛汽車的美國，假如其中一部分工業採用這樣的能源系統，那將是什麼情景。而且新的風力發電機已經是經濟有效的，在某些合適的地帶可以與石化能源和核能發電相競爭，沒有理由不去大量利用風能。將智能化的太陽能收集器，和具有經濟效益的能源提案結合使用，國家繁榮和能源安全（歸功於當地擁有的再生能源）等潛在好處是極其巨大的。想像一下採用風力發電的新工業帶來的巨大好處：替我們的管路和汽車注入自家生產的能源，而不是依賴那些需要用大型油輪管運過半個地球，容易引起政治糾紛和帶來資源破壞的石油。

能源結構調整策略提供我們機會去發展真正生態效益的技術，不是更少的消耗，而是真正的充足。最後，我們希望設計出這樣的製程和產品：不僅能夠返還它們所使用的生物和技術養分，還能綽綽有餘地彌補掉它們所消耗的能量。

在和歐伯林學院奧爾（David Orr）所領導的小組合作時，我們有了新的想法：以樹木生長為模式來設計一棟房子（及其基地）。可以淨化空氣、提供樹蔭和棲息地、肥沃土壤、適應季節而變化，並且，最終累積獲得的能量比運行耗用的更多。這些實施辦法包括在屋頂裝上太陽能集熱板；在建築的北邊種植一片小樹林，可以擋風，還可以增加生物多樣性；室內裝有可升高的地板和租賃服務的地毯，這樣的設計可以讓屋內環境隨著人們的審美觀和功能的不同偏好而變化；一個收集雨水用於灌溉的池塘；在室內和屋外可以用「活機器」——一個長滿各種精心挑選來的微生物和植物的池塘，淨化下水道汙物；面朝西邊和南邊是教室和大型公用房間，可以充分利用陽光；特製的窗戶玻璃，可以控制進入室內的紫外線數量；房子東邊是一片復原的森林，這是一種美化景觀和土地保護的辦法，不需殺蟲劑和灌溉。這些具有特色的辦法都還在進一步最佳化的過程中（第一個夏天，房子就產生超過自身使用的能量），邁出了很小卻充滿希望的一步。

想像一下像樹一樣的房子，像森林一樣的城市！

## 需求和欲望的多樣性

在設計中尊重多樣性意味著不僅要考慮產品是如何製造的，還要考慮它是如何被使用、被誰使用的。在從搖籃到搖籃的理念中，產品也許在不同時空下會有許多種不同的用途和使用者。比如，一座辦公大樓或商場可以設計成能適應數代子孫們的不同使用需求，而不只是為了單一用途而建造，隨後即被拆毀或拙劣地改頭換面。下曼哈頓的蘇活區和三角地（Tribeca）之所以能夠久盛不衰，在於它們的建築設計具有一些持久的優點，雖然在今天看來是沒有效率的：它們高高的天花板和高大的窗戶可以採光，厚實的牆壁可以調節白天的炎熱和夜間的清涼。由於它們具有吸引力和實用價值的設計，這些建築歷經多年不同的使用：比如先是用作商場、展場、工作坊，繼而是儲存和配送中心，接著是藝術家的閣樓，最近則是辦公樓、畫廊和公寓。它們的吸引力和實用性都是經久不衰的。遵循這樣的前例，我們已經設計出一些公司建築，加以改造後即可適用於未來的居住。

就像法式果醬瓶在果醬用完之後可以當成喝水的玻璃杯，包裝材料和產品可以在設計時就考慮到未來的升級回收。正如亨利・福特所知道的那樣，由於外包裝材料具有寬大、平坦並且表面堅硬的優異性能，可再生為建築材料。從熱帶大草原運送產品來的簍子，可能是防水材料做成的，在南非的索韋托（Soweto）也許就會用它來建造房子。因地制宜再次成為這種設計不可或缺的考慮因素。非洲人習慣用葫蘆或陶製的杯子飲水，也沒有回收「垃圾」的設施，他們需要能扔到地上自然分解、並且回饋給自然界養分的飲料包裝。在印度，由於物資和能源都非常昂貴，人們更樂於採用能安全燃燒的包裝材料。在工業化地區，由於有設計得當的升級回收利用的基礎設施，更好的方式也許是採用可回收利用的聚合物，做為製作其他瓶子的「食物」。

在中國，聚苯乙烯（Styrofoam）包裝材料帶來的問題非常嚴重，以至於人們稱它們為「白色汙染」。它們從火車和遊輪的窗口中扔出來，散落各地。想像一下將其設計成可以在使用後被生物分解的材料。它們可以用空心的稻稈製成，這些稻稈在稻穀收割後就遺棄在田裡，通常都被燒掉。這樣的材料很容易獲得，並且很廉價。這樣的包裝材料中可能加少量的氮（可以從新設計的汽車系統中提取），這樣一來，人們在用餐後不是感到愧疚和有壓力，而是很愉快地將這些安全、有益的養分包裝扔到窗外的地上，它們將很快地分解並且提供土壤氮元素。這種材料裡面甚至還可以含有當地植物的種子，在材料分解的同時生根發芽。人們也可以等到下一個車站再丟棄這些包裝，因為在那裡當地的農民和花匠已經建起了回收站，收集這些包裝材料來提供給莊稼肥料。甚至會插好寫著「請丟垃圾」的告示牌。

## 形式服從演化

與強調千篇一律的審美標準不同，工業界有可能為廣大的消費者提供具有特色化的設計，在不影響產品本身的情況下，讓包裝和產品適應當地的品味和傳統。像時裝和化妝品這樣的奢侈產業，已成了根據個人品味和本地傳統進行特色化設計的開路先鋒。別的產業可以在這些產業的引導下，在設計中顯示個性化和文化的需要。舉個例子，汽車工業會尊重菲律賓人對交通工具的裝飾，他們沒有將交通工具局限於「通常」的外表（也沒有讓他們在展示自己對裝飾的文化偏好時喪失生態效益），而是提供顧客自由選擇裝飾流蘇、用生態友善的油漆繪上富創造力而大膽的圖案。生態效益的設計需要一套基於自然規律的相互協調法則，和表達多樣性的機會。眾所周知的是形式服從機能（form follows function），但也許更具前景的是形式服從演化（form follows evolution）。

美學如此，需求也是一樣。需求隨著生態、經濟和文化環境的不同而殊異，更不用說個人嗜好了。就如我們前面指出的，現今所生產的肥皂都設計成同一種功能，適用於任何可以想像得到的地方和生態系統。面對這種設計引發的一系列問題，生態效率倡導者也許會告訴製造者：應該「減少破壞」，運送固體肥皂而不是液體肥皂，去減少或回收包裝。但是為什麼要費力去最佳化一個錯誤的系統？為什麼優先考慮這些包裝？為什麼採用這些配方？為什麼是液體的？為什麼千篇一律？

為何不像螞蟻那樣去生產肥皂？肥皂製造商可以保留其核心的設計思想（「肥皂」的概念），但去開發適合當地的包裝、運輸、甚至分子結構。打個比方，運輸液體（清潔劑的形式）增加了運輸成本且沒有必要，因為在清洗的地方，像洗衣機、洗衣店、浴盆、江河湖泊，都會有水。也許肥皂可以用顆粒或粉末的狀態來運送，在雜貨店裡大量出售。在不同的地方對水的需求也不一樣，根據硬水和軟水的不同水質，可能需要採取不同類型的顆粒和粉末；對於在石塊上捶洗衣服的地方，則需要其他類型的肥皂，將肥皂直接溶入水中。一家大的肥皂製造商，在注意到印度婦女的洗衣方式後就開始著手從這個角度考慮。那裡的婦女使用原本為洗衣機設計的洗衣粉，用手搓洗衣服，她們用食指將對皮膚具有刺激性的洗衣粉塗抹到衣服上，在河邊的石板上捶洗衣服。而婦女們每次只買得起一點洗衣粉。面對日益激烈的多功能產品競爭，該肥皂製造商開發了一種新產品，更溫和、包裝在一個小巧價廉又方便取用的盒子裡。沿著這樣的思路還可以走得更遠。比如說，製造商可以將肥皂重新構想為一種服務產品，進而設計出能夠回收並反覆使用洗潔劑的洗衣機。在一台出租的洗衣機裡，可以預先裝上滿足兩千次清洗需要的內部可回收洗潔劑，這樣的設計其實沒有想像得那麼難，因為每洗一次衣服，實際上只消耗掉洗潔劑標準用量的五%。

生態學家拉卓亞（Tom Lovejoy）講述了在一九九二年地球高峰會期間，威爾遜和蘇努努（John Sununu）的一次會談，前者是偉大的進化論生物學家，在關於生物多樣性和螞蟻方面著述甚豐；後者是前美國總統老布希的幕僚長。威爾遜的目的是希望總統支持《生物多樣性公約》，當時該公約作為對於這議題表示深切關注的一個信號，被世界上大多數國家所提議。當威爾遜剛結束他關於生物多樣性的重要價值闡述時，蘇努努回應道：「我明白了。你希望為整個世界制定一部保護瀕危物種的法案……，但魔鬼無所不在。」威爾遜對此的回答是：「不是的，先生。是上帝無所不在。」

多樣性是自然界的設計框架，人類不尊重這原則而採用有悖於此的設計方式，將會惡化我們生命所置身的生態和文化環境，嚴重減少我們的享受和快樂。據報導，前法國總理戴高樂曾經說過，一個生產四百種起士的國家，管理起來很困難。但是，如果為了市場增長的需要，所有的法國起士生產商，都生產包裝不同但是味道卻完全一樣的橘色方塊「起士食品」，那會是怎樣的景象？

根據對視覺喜好的調查，大部分人將各具文化特色的社區視為令人愉悅的居住環境。當他們看到速食店或外觀平平的建築時，他們的印象分數會很差。雖然他們生活的居住區，正破壞著自己家鄉的街道特色，但與現代化的居住區相比，他們會更喜歡古老優雅的新英格蘭街區。可選擇的情況下，人們寧願選擇有特色的東西而不是那些千篇一律的設計——商店街、商場和購物中心。人們需要多樣性，是因為它能帶給人們更多的愉悅和驚喜。人們需要一個能生產四百種起士的世界。

多樣性在其他方面也提升了生活品質：文化多樣性的激烈碰撞可以拓寬視野，激發有創造性變化的靈感。想想馬丁．路德．金是如何將聖雄甘地關於和平革命的教導，改造為非暴力反抗的理念。

## 資訊反饋

長久以來，企業仰賴於事物改變所反饋回來的徵兆，追溯和評價過去的成敗、或者審視周圍競爭的激烈程度，以此來改變其發展策略。尊重多樣性，同時意味著拓寬投入的範圍，意味著一個更廣泛的生態和社會內涵，和更長的時間框架。我們還可以「前瞻」，不僅考慮什麼因素在過去和現在產生作用，也要考慮哪些因素將在未來發生作用。我們意欲實現一個什麼樣的世界？為了保持這樣的願景，我們會怎樣去設計事物？十年，或是百年後，一個永續的全球商業活動將會是什麼樣子？我們的產品和系統怎樣才能去幫助創造和維繫它，以使子孫後代能夠因我們所創造的事物而更加富庶，而不是被有害物質和廢棄物所脅迫？我們現在能做些什麼以開始新的工業化進程？

如果那個衣物洗潔劑製造商繼續沿著這樣的思路下去，它將從只考慮生產一種便於使用、對人體更適合的洗潔劑，提升到去質疑「這種洗潔劑對恆河適宜嗎」的高度。它會滋養種類繁多的水中生命嗎？誠然，我們清楚顧客需要怎樣的肥皂，那麼河流又期望一種怎樣的肥皂呢？誠然，它是包裝成個人使用的分量，怎樣才能將包裝材料設計成可以直接在河岸上分解，提供土壤養分，或者安全地當作燃料來燃燒，或者兩者都可以？要是有一種設計成擁有「蓮葉效應」（蓮葉上不沾任何東西），不需用肥皂來清洗的衣物，又會怎樣呢？依次地，一個產品將在前所未有的大背景下正面地思考，直到產品自身進化和轉型，並且每方面都設計成能滋養一個多姿多采的世界。

在和一家大型歐洲肥皂製造商共同開發一種沐浴乳時，我們對自己提出這樣的設計挑戰：回答「河流需要什麼樣的肥皂」（這裡是指萊茵河）。我們也同時致力於滿足顧客對於健康、舒適的沐浴乳的需求。一開始，布朗嘉告訴生產商，要用檢驗藥劑的方式來檢驗這商品，主動採用最好的配方。出於這產品用於人體的本質，這家合作廠商較能接受這種工作方式，而不是像生產油漆的化工公司可能採取的另一種方式。布朗嘉和同僚發現普通的沐浴乳中含有二十二種化學成分，其中有一部分是為了克服其他廉價化學成分的刺激性影響而添加的（比如說，潮濕劑的添加是為了抵消一種特殊化學物的乾燥作用）。接著他和工作小組從中篩選出一個成分更少的配方清單，這些成分只產生它們所尋求的效用，這樣一來就避免了傳統配方繁雜的校核和衡算過程，產品因而對皮膚和它的最終去向——河流的生態系統——都是健康有益的。

當這個配方（共九種成分）擬出後，起初公司拒絕進一步開發該產品，因為其中新的化學成分要遠貴於以前用的那些化學成分。但是當公司從整個製造過程切入，而不僅僅考慮原料的成本時，他們發現由於簡化了原來備料和儲存的需求，製造新的沐浴乳成本大約下降十五％左右。這種沐浴乳於一九九八年上市，並且現在依然在市場上販售——只是在布朗嘉之後，研究者們發現最初的PET瓶子裡的銻滲透到了沐浴液裡面，現在採取了純聚丙烯的包裝。

## 「主義」多樣性

最後，到了我們致力於製造真正多樣性的時候了。只使用單一的準則都將會在大的範圍內導致不穩定，並且成為我們所說的「主義」，即一個脫離整體結構的極端立場。我們清楚地看到，在人類的歷史上「主義」導致的混亂──想一想：法西斯主義、種族主義、性別主義、納粹主義和恐怖主義。

回顧形成現在工業社會的兩份宣言：亞當斯密的《國富論》（一七七六）和馬克思與恩格斯的《共產黨宣言》（一八四八）。在第一份宣言中──寫於英格蘭試圖壟斷其殖民地的時代，與《獨立宣言》同一年出版──亞當斯密貶低帝國的作用，推崇自由貿易的價值。他將國家的財富和生產力與總體的進步連結起來，提出「為一己私利而工作的每個人，將會被一隻看不見的手所操控，最終導致公共財的增加。」[53]斯密的信念和努力既專注在經濟上，也專注在道德層面上。因此，那隻他認為能夠制定貿易標準、和避免不公平現象的看不見的手，運作了一個完全市場化的經濟，在這個經濟中「有道德」的人都做出各自的個人選擇──這是十八世紀的一種理念，未必反映出廿一世紀的實際情況。

財富分配不均和對工人的剝削，激發了馬克思與恩格斯創作《共產黨宣言》，在宣言中他們敲響了追求人權和共享經濟財富的警鐘。「擠在工廠裡的工人群眾就像士兵一樣編制。……他們每日每時都受機器、受監工、最先受資本

53 Adam Smith, "Restraints on Particular Imports," in *An Inquiry into the Nature and Causes of the Wealth of Nations* (New York: Random House, 1937), 423.

家的奴役。」[54]在資本主義者因追求經濟目標而忽視了工人利益的同時，社會主義——簡單地被作為單一主義來追求時——也同樣失敗了。如果一切東西都歸國家所有，個人將變得無足輕重。這樣的故事發生在前蘇聯，在那裡政府禁止了一些最基本的人權，比如言論自由。環境也蒙受災難，科學家已經認定，前蘇聯十六%的國土對生物來說不再安全，因為工業排放和汙染過於嚴重，以致可以被說成是「生態滅絕」。[55]

在美國、英國和西方各國，資本主義十分流行，社會福利結合經濟成長所帶來的利益十分令人鼓舞（比如亨利·福特說「車是不會自己買車的」）。資本主義還致力於減少汙染，但是環境問題依然有增無減。一九六二年瑞秋·卡森的《寂靜的春天》掀起了一個新議題——生態主義到來了，並逐漸地獲得重視。自那時起，個人、社團、政府機構和環境組織對於環境的關注日益增長，提出了各種各樣的保護自然策略，以節約資源和清除汙染物。

這三份宣言都出自改善人類生活條件的真摯願望，並且三份宣言各有功績，但也有各自明顯的不足之處。如果極端化地接受下來——簡化成一種主義時，它們所激發出的觀念中一些關乎人類長期繁榮的重要因素，將會被忽略，比如社會公平、人類文化的多樣性、環境衛生狀況等。卡森對世界提出一個重要的警告。但如果對生態的關注，也引申為一種主義，勢必會忽略對社會、文化和經濟等方



54 Karl Marx and Friedrich Engels, *The Communist Manifesto* (1848; rpt. New York: Simon & Schuster, 1964), 70.

55 See Murray Feshbach and Alfred Friendly, Jr. *Ecocide in the U.S.S.R.: Health and Nature Under Siege* (New York: Basic Books, 1992).

面的關注，以致對全體人類產生危害。

由於我們期望和有經濟力量的各個環節合作，包括一些大公司，我們經常被問這樣的問題：「你們怎麼能和**他們**合作？」對此，我們通常回答：「你們怎麼能不和他們合作？」我們這時想到了梭羅因為沒有繳稅（部分出於非暴力抵抗）而被捕入獄時，愛默生去探望他的場景。「你在裡面做什麼？」據說愛默生的問話，引發了梭羅的著名反駁：「你在外面做什麼？」

向我們提出問題的人，通常相信商業和環境的利益存在著內在衝突。並且，那些和大公司共事的環保人士等於背棄了自己的原則。業界人士對於環保人士和社會運動份子也心存偏見，通常將他們看作極端主義者，推動那些拙劣、繁雜、技術低下、而且昂貴得無法忍受的設計和政策。古有明訓：魚和熊掌不可兼得。

一些哲學觀將表面上互斥的兩者結合在一起，提出「社會市場經濟」、「社會責任的商業活動」、或「自然資本主義」——一種考慮到自然系統和資源價值的資本主義，戴利（Herman Daly）是這觀念的倡導者。這些二元論的觀念無疑地產生廣泛的影響。但是它們通常呈現了一種人為的拼接，而不是兩者目標的有機結合。生態效益將商業看作是變革的發動機，讚揚商業的劍及履及。但它也承認如果商業拋開了對環境、社會和文化的關注，將會為人類帶來悲劇，破壞我們子孫後代的有價值自然和人力資源。生態效益既發揚商業，同時也倡導商業所扎根的公眾福利。

為了使理解不同觀念的過程不那麼抽象，我們設計了一個視覺化工具，幫助我們形塑概念，並創造性地去思考一個設計和其他相關連因素（比如我們在本章中討論過的那些）之間的關係。這種工具是建立於一個碎形圖案，[56]由不斷自我複製的細部構成，無止境地延伸下去。對於那些側重於某方面（比如說經濟）的人們所提出的問題，該工具幫助人具體考慮問題時，對其他面向具備應有的關注。這個圖表不是一個象徵，而是一個工具，我們已經積極地將它應用於我們的計畫當中。它應用的範圍小到單一產品、建築和工廠，大到對鄉鎮、城市乃至對國家的影響。我們設計一個產品或系統時，會來回參考這個碎形，提出問題並尋找答案。

右下方代表的是我們稱作「純經濟」區。在這裡我們處在一個極端純粹的資本主義世界，我們提出的問題包括：「我能否以一定的利潤製造或提供我的產品或服務？」我們告訴商業客戶，如果答案是否定的，就不要去做。正如我們所看到的，商業的作用是在變革的同時仍保證讓業務持續開展下去，不管這個區域怎麼變化，商業的角色不會發生變化。商業公司負有增加股東財富的責任——但不要以犧牲社會結構和自然界為代價。我們也許會進一步問：「我們必須花多

56　我們的碎形圖表是根據Sierpinski三角設計，這是以一九一九年發現它的波蘭數學家命名。

少錢，才能讓我們的產品打入市場並獲取利潤？」如果他們牢牢地固守在這個角落——死抱著一種主義（純粹資本主義）——他們也許會考慮將生產轉移到勞動力和運輸都盡可能低價的地方，不再爭論。

如果我們稍微去推動，人們就會選擇一種更為穩妥的做法。我們就移動到「經濟／公平」區，在這裡我們必須考慮金錢和公平的問題。比如說，員工們是否賺到了足以維持生計的薪水（在這裡，永續性又是在地性的：無論你住在什麼地方，維持生活的工資水平將隨你生活地區的不同而起伏。從我們的角度看，標準是它足以支撐一個家庭）。進入「公平／經濟」區，強調的重點更偏向公平，這樣在某種意義上，我們將會藉由公平的透鏡來觀察經濟。在這裡我們或許會問：「兩性同工同酬嗎？」在最靠近公平的那個角上，問題是完全社會性的——人們是彼此相互尊重的嗎？——沒有考慮經濟或生態。這裡就是我們探討諸如種族主義或性別主義等問題的地方。

向上移動到公平區域上生態的一端，重點再度轉移，公平依然首當其衝，但生態問題開始浮現。這裡的問題或許是：讓工人或者顧客暴露於工作環境或產品中的有毒物質是否公平？讓工人待在有不明材料釋放出有害氣體的工作環境，工人將面臨潛在的健康風險，這樣是否公平？我們也許還會問，這種產品將會怎樣影響子孫後代的健康？繼續進入「生態／公平」區域，我們考慮更多生態系統的

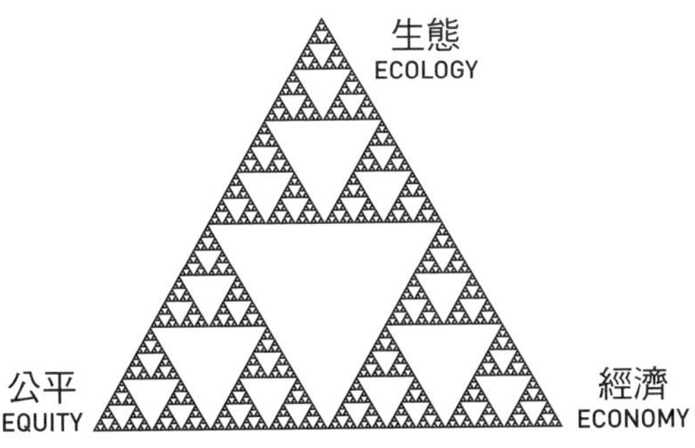

影響，不僅是在工作或家裡，而是整個的生態系統：去汙染一條河流或者汙染空氣是公平的嗎？

現在深入到生態區域：我們是否遵循了大自然的規律？可以化廢物為食物嗎？我們是否利用太陽能？我們是否不只是在維繫我們自己的物種，是否同時維繫了所有的物種（處於這個端點的主義，強調地球是第一順位，是一種「深層生態學」的信條，此時不考慮經濟或公平問題）。接著轉到「生態／經濟」區，這裡貨幣又進入分析框架：我們的生態策略也可以達到經濟上的富庶嗎？如果我們設計出一種房子，利用太陽光產生的能量比它運行所需的能量還多，答案將是肯定的。

最後，到了「經濟／生態」區：這裡是生態效率理念的發源地，是我們發現人們繼續置身於現有的經濟模式下，努力減少危害，以更少的花費去做更多事情的地方。正如我們所看到的，生態效率是一個很有價值的工具，可以對更廣泛的生態效益進行最佳化。

## 三重高標

傳統的設計標準是一個三角模型：成本、美學和性能。我們能從中獲利嗎？公司會這麼問。顧客將會覺得它具有吸引力嗎？它會正常運作嗎？「永續發展」的擁護者喜歡用基於生態、公平和經濟三角模型的「三重低標（triple bottom line）」

方法。[57]這種方法具有很積極的效果，可以將永續發展整合進企業的責任體系中。但在實際操作中，我們發現它經常是以經濟上的考慮為中心，將社會和生態的效益視為一種事後補救，而不是在一開始就作為等量齊觀的因素。企業計算出他們常態的經濟獲利，再增添一點他們認為是具有社會效益的東西，也許是減少一些環境破壞——減低排放量，減少垃圾掩埋，在生產中減少材料使用等——表現出來。換句話說，他們以一貫的做法評估他們的收益（經濟上的），然後再藉由生態效率、減少事故或提高產品的可靠性、創造就業機會和做慈善事業等來添加一點額外的東西。

如果企業運作不以三重低標作為策略規劃的工具，他們將會錯失良機。但當企業一開始就考慮到這所有問題，將它們視為「三重高標（triple top line）」擺到檯面上，而不是事後才想起來，真正的奇蹟就會出現。作為一種設計工具，該碎形允許設計者在三個領域內都創造價值。事實上，通常一個以明確關注「生態」或「公平」（怎樣才能創造出棲息地？怎樣才能創造出就業機會？）為開始的項目，最後往往能創造出驚人的經濟上的產出，而這些產出的途徑是我們只考慮經濟效益時從來都沒有想到的。

我們能想到的標準不只是這些。在我們自己的清單上，樂趣很重要。一件產品，不僅在使用中，而且在丟棄中，也能帶來享受嗎？在一次和戴爾電腦的創辦

57 關於此概念的更多細節，請參考John Elkington的著述，www.sustainability.com.

人麥克．戴爾交談中，麥唐諾發現我們在商業的基本標準——成本、性能和美學上所添加的要素，即生態智能、公義和樂趣，正好和傑佛遜（Thomas Jefferson）的「生命、自由和對幸福的追求」相對應。（但是，戴爾提醒我們還漏掉了一個極為重要的元素——商業系統所能承載的信息量。）

## 工業再革命

在我們已經討論的各個層面上，真正尊重多樣性的設計將會帶來一場**工業再革命（industrial re-evolution）**。我們的產品和流程，與資訊和回應產生共鳴（這兩者最能反應現實世界），就能夠產生最深層的生態效益。倘若一部富有創造力的機器模仿自然的機制，而非使用化學品、水泥和鋼鐵，是朝著正確方向邁出的一步，但是它們仍然只是**機器**——仍然是一種利用技術手段（儘管是友好的技術）來駕馭自然以實現人類目標的方式。同樣的，我們不過是以不斷累進的資訊技術、生物技術和奈米技術來取代化學品和對自然的掠奪。新技術本身並不能促成工業革命，除非我們改變技術的脈絡，否則它們只是將第一次工業革命的蒸汽機推向新極限的超高效率馬達。

即便在今天，大多數先進的環境保護方法還是立足於這樣的觀點：必須約束和限制人類對自然不可避免的破壞。更有甚者，「自然資本」的觀念將自然視作人類自謀利益的工具。這種取徑也許在兩百年前人類正在發展工業系統時，還是有效的，但是現在迫切需要反思。如果今後幾百年內，我們繼續保持目前生產和消費的工業系統，那麼我們將無力減緩對自然世界的摧毀。由於人類的智慧和技術的進步，我們也許在自然界絕然潰敗後，還能為人類創造出一個永續的系統。但是永續有什麼值得高興的？如果一個男人將他和妻子的關係用永續來形容，你也許會為他們兩個都感到悲哀。

自然系統從它們的環境中索取，但是它們也對環境有所回報。櫻桃樹在循環利用水分和製造氧氣的同時，將花朵和葉子歸根到大地；螞蟻群落在土壤中重新分配養分。我們可以在它們的啟發下去創建一種和大自然之間更讓人振奮的（夥伴）關係。我們應該建造這樣的工廠，製造的產品和副產品都是採用可生物分解和可回收利用的工業原料製成，可以滋養我們的生態系統，不再需要像從前那樣傾倒、焚化或者掩埋它們。我們能夠設計出制約它們的系統，不是將自然作為一個純粹實現人類目的的工具，我們應該努力讓自己成為按照自然規律運轉的一個工具。我們應該為自然界的豐富多彩而歡欣鼓舞，而不是採取一種滅絕多樣性的思維和生產方式。因為我們有一個正確的系統——一個有創造力、繁榮、充滿智慧、多產的系統，我們可以有許許多多的同類和我們創造的事物。就像螞蟻一樣，我們也將具備「生態效益」。

## 將生態效益付諸實踐
## Putting Eco-Effectiveness into Practice

一九九九年五月，福特汽車創始人亨利‧福特的曾孫，公司董事長威廉‧福特(William Clay Ford, Jr.)做出了一份戲劇性聲明：福特公司將對第一次工業革命的象徵——位於密西根州迪爾本(Dearborn)的胭脂河大型汽車工廠，投資二十億美元進行改造，使其成為再次工業革命的標誌。

該地區還是沼澤地時，亨利‧福特就買下了它的所有權，從二〇年代中期，這裡的工廠就開始生產汽車。在接下來的幾十年時間，胭脂河成為世界上最大的工業綜合體，實現了福特的遠見——一個不斷成長、垂直整合、能夠自始至終製造一輛汽車的裝配生產線。煤、鐵礦、橡膠和沙子從大湖區用駁船運來。風爐、熔爐、軋製機和衝壓廠廿四小時生產所需要的原料。福特和他的建築師艾伯特‧坎(Albert Kahn)一起，親自監督了發電站、車身廠，裝配大樓、模具廠、倉儲，以及輔助基礎設施的設計。

胭脂河廠被視為製造業工程學和規模化生產的奇蹟，是現代工業的象徵。在經濟大恐慌時期，這個工廠甚至承包拆解舊車的任務。福特建立了所謂的「拆卸線」[58]，每輛汽車順著這條線移動，工人們分別拆卸散熱器、玻璃、輪胎和內部座椅，直到鋼鐵車身和底盤最後進入一個巨大的壓塊機。不可否認這個過程是原始的，由蠻力推動大過精巧設計，但它是「廢物即食物」的生動證明，並開始向工業原料再利用邁出了步伐。胭脂河綜合體占地好幾百英畝，雇用了超過十萬名工人，成為旅遊勝地和藝術家靈感的來源。席勒（Charles Sheeler）在他關於胭脂河的照片和繪畫作品中，描繪了這個理性的美國製造業原貌。安放於底特律藝術學院的震懾人心壁畫中，畫家里維拉（Diego Rivera）從一個工人的視角使得這個工廠名垂千古。

廿世紀末，這個廠區開始顯出老態。儘管福特的野馬車仍舊在那裡生產，但轉產、自動化和減產等措施，讓雇員人數縮減至不到七千人。經過這麼多年，工廠的基礎設施已經老化，技術也已過時。例如，工廠最初根據流水線的方法設計，各個零件從樓上開始逐層下降，最後在底層組裝成一輛完整的汽車。數十年的製造過程，對當地土壤和水資源傷害極大。這地區大部分已成焦土，一個廢棄工業地。

福特汽車公司本來可以輕易地去仿效其他競爭對手的做法——關閉這個廠區，建牆圍住，在一個土地乾淨、便宜、容易發展的地區建立新工廠。相反的，公司選擇了在胭脂河繼續生產。一九九九年威廉·福特在他接掌董事長的聲明



58 Charles Sorenson, *My Forty Years with Ford* (New York: W. W. Norton, 1956), 174-75.

中，將這個承諾更推進一步。他觀察了生銹的管道和堆積的殘骸之後，接受了這個挑戰（同時也是責任），將它恢復成為有活力的環境。小福特決定幫助他的公司在這個地方扎根，而不是離開舊的廢墟，另覓他處重建。（如一名員工所說的，「像群蝗蟲一樣」遷徙。）

上任董事長後不久，小福特就和麥唐諾會面探討生態效益問題。本來安排的簡短會面最後變成了一下午令人激動的討論。小福特帶麥唐諾來到他位於十二樓正在修建中的新辦公室，遠眺俯瞰胭脂河。他問麥唐諾，他們所討論的原則能否在此地付諸實現——超越回收和生態「效率」，實施真正有新意和鼓舞人心的做法。五月，小福特公開聘請麥唐諾負責胭脂河廠區從頭建起的設計案。

第一步是在公司總部的地下室裡規畫「胭脂河廠會議室」，供設計小組碰頭使用，小組成員包括公司所有部門代表，以及外部人士，如化學家、毒物研究者、生物學家、規章專家和工會代表。他們首要的議程是建立一系列目標、策略和檢驗進度的方法，但他們也需要一個框架，用來表明他們的思考過程，和尋找亟待解決的問題。牆上貼滿了相關的工作文件，任何人經過都可以看到，運用社會、經濟和生態的標準對空氣品質、棲息地、社區、能源使用、勞資關係、建築物進行評估，當然，也評估了同樣重要的生產問題。數以百計的員工來到胭脂河廠開會，也常常是基於此處有福特的最新動向而來這裡碰面（相對於軍事用語

「戰情室」，這裡被謔稱為「和平室」）。

在討論中，公司的財務穩定被提出。二次世界大戰期間，亨利．福特艱困地避免破產，並為公司的正常運行付出掙扎和努力。從那時候起，公司的一切活動都必須以這個底線為核心——每一項改革都必須有利於盈利。但是該小組獲得充分自由的授權，去探索一條為股東創造價值的新道路，對公司傳統的決策制定過程，都將使用我們在第五章中討論的模式從各個角度進行分析。

一旦威廉．福特打開了新思維的大門，公司各個部門成百上千的員工（不僅是胭脂河廠的）——包括製造、供給鏈管理、採購、財務、設計、環境品質、規章管理和研發部門，都開始腦力激盪。當然，也存在著必須克服的內在阻力，根深柢固的懷疑論者認為，環保策略在最好情況下不影響收益，而在最壞的情況會阻滯經濟發展。在一場初期的會議上，一位工程師忽然打斷說：「我不想跟任何生態建築師討論生態建築。我聽說你們想要在整個工廠使用天窗，但我們福特工廠是專門將頂棚塗滿瀝青。我還聽說你們要在屋頂上種植草坪，但現在我還是不知道我來這裡所為何事？」（後來他成為這個專案的英雄）同樣地，正如公司內一位科學家所言，內部的科學氛圍像是「有巨大護城河環繞的堡壘」。但是他也補充：「如果沒有努力和爭論，那事情本身必定是不重要的。」

福特公司對環境的重視，在汽車製造業中本來就獨樹一格。在當時的環境品質主管奧布瑞恩（Tim O'Brien）的指導下（以及之前作為環境委員會一員的威廉・福特影響力），福特所有的汽車工廠都有ISO環境認證，反映了他們不僅有能力監控產品的品管，而且在環境方面也表現出色。公司還採取了額外措施，對供應商都提出同樣要求。ISO環境認證更大部分是要求公司自發的調查環境效益和問題，而不是依靠政府來監管。

正如奧布瑞恩自己指出的，大多數胭脂河一帶舊區製造商都採取了不聞不問的態度，不願意仔細檢查他們的周邊環境，因為發現任何問題都將不得不採取行動（其中一些還可能成為法律訴訟的對象）。當他們確實發現（或者被迫認識到）汙染，通常也只移走被汙染的土壤，並遵照環保局的法規，在安全地點將其深埋。這樣的「刮和埋」策略可能有效，但很花錢，而且僅僅是將問題和表層土一同轉移位置而已。

福特的設計小組說：「讓我們做最壞的設想。」當他們發現廠區一些地點確實存在著汙染時，小福特與政府協商，嘗試以新的方法處置受汙染的土壤。僅移走和填埋表層土壤，而後清潔深層土壤。先進的清潔方法正在開發中，比如植物分解法，利用綠色植物分離土壤中的毒素；或是真菌修復法，使用菌類來清潔土壤。從胭脂河會議室實際的經驗來看，這個方法是建立在積極、正面的基礎上——例如，他們不僅「清潔」而且還「創造」健康的土壤。對分解植物的選擇，不僅考慮它們分離毒素的功能，還注意選擇本地植物。衡量一個地區的健康狀況不僅要滿足政府強制的最低標準，也要考慮到其他相關因素，如每立方英尺土壤中蚯蚓的數量，陸地鳥類和昆蟲的多樣性，附近河流水生物種的多樣性，以及該地區對地方居民的吸引力。這項工作有一個令人注目的目標：創造一個福特員工的孩子們能夠安全玩耍的廠區。

當公司研究新的永續製造計畫時發現，有越來越多的機會可以改進環境品質，而且不會和財務目標衝突。這些成功使人們更有理由雄心勃勃地去應對環境的挑戰。暴雨逕流管理是這個雄心勃勃計畫一個好的開端，通常人們認為暴雨逕流管理是理所當然，而且是相對便宜的。但是小福特發現暴雨逕流管理可能是高成本的；淨水法案提出的規章，要求使用新的混凝土管道和處理廠，有可能耗資高達四千八百萬美元。而相對的，新工廠建成時，將有一個能夠儲存五公分雨水的綠色屋頂，多孔滲水的停車場也可以吸收和儲蓄大量的水。雨水將滲入一個淨化池，由植物、微生物、菌類和其中生活著的其他生物淨化。從淨化池中流出的水經過濕地——布滿本地植物的深溝，最後乾淨清潔的水進入河流。這樣一來，雨水經過三天的時間進入河流，而不會聚成必須緊急應對的湍流。

於是暴雨逕流管理不是當作一種巨大的無形責任，而是當作一種有形的、令人愉快的資產加以解決。這種生態效益的方案清潔了水和空氣，提供了棲息地，美化了風景，而且替公司節省一大筆錢——估計有三千五百萬美元之多。

製造廠區的重新設計，體現了公司對於社會公平、生態和經濟三個基本目標的承諾。舊工廠是黑暗、潮濕和令人不快的。工人要準備兩雙鞋，一雙在工廠穿、一雙街上穿。除了週末，他們在冬天可能好幾個星期都不見天日。公司認為，一個令人愉快的工作環境，是吸引開創性的、多樣化、以及高產量勞動力的關鍵。參觀了麥唐諾於密西根設計的Herman Miller工廠之後，福特公司完全信服了：新的設施將會充滿陽光——甚至包括自助餐廳，這樣，工人即使在短暫的休息時間內也可以接觸到陽光——像是回到了最初的福特工廠，建在電力供應不很充足的年代。工廠將建有高天花板，視線開闊，（出於安全考慮）管理人員辦公室和團體工作室安置在夾層上，以減少事故風險。小組也採納了凱瑟將整棟建築視為一個巨大管道的想法——努力為生活在建築中的人而不是為建築創造一個適宜的溫度（參閱第五章）。

福特公司把胭脂河廠區當成新觀念的試驗場，並希望將其推廣成為全世界設計工廠的新方法。假設一個公司在全世界擁有兩億平方英尺的土地，成功的改革將很快地以工業化的規模推行。然而所有解決方案都必須因地制宜。綠色屋頂可以用於佛羅里達州的聖彼得堡，但不能用於俄羅斯的聖彼得堡。胭脂河廠區的成效引發了其他福特工廠的重新審視，在這些工廠，如果將風力發電機和太陽能集熱器作為能源配套方案的服務性產品之一，它們甚至會有助於盈利。對於公司的宏觀決策，各地都應因地制宜。各地的解決方案將從這個決策出發，合適的採用，不合適的修改，並不斷修正和深化，逐步實現一個意義深遠的變革過程，最終包括了一個企業從生產、市場、銷售到回收的每個層面。一個重新設計的汽車工廠，可能最終會產生一個關於什麼是汽車工廠的全新概念。改造規模如此巨大，基礎設施如此複雜的工廠需要很長的時間，但是我們或許能在有生之年，目睹第一個現代裝配工廠的原址上，建起一座新的汽車**拆卸**工廠。

## 實現生態效益的五個步驟

一個像福特公司這樣的企業，歷史悠久、聲名顯赫，有大量的基礎設施和大量墨守成規的雇員，要如何開始重新打造自己呢？簡單地將長期建立起來的工作程序、設計方法和決策方法全盤否定是不可能的（也不必要）。工程師只選擇一條傳統的、線性的、從搖籃到墳墓的道路，（事實上他這輩子都是接受這樣的訓練的），採取千篇一律的設計理念，使用一般使用的材料、化學製品和能源，如果要他採取新的模式和更多元的投入，反而會感到不安。面對緊迫的工期和要求，這樣的變化使他們感到混亂、不堪重任，甚至被徹底壓垮。但是正如愛因斯坦指出的，如果想要解決困擾我們的問題，我們的思考必須進化，必須超越造成這些問題的思考方式。

幸運的是對人類來說，大多數情況下變革都從一個特定的產品、系統或問題開始，生態效益原則付諸實踐的承諾將其逐漸推展開來。我們觀察不同規模、類型和文化的公司在轉型的動盪過程中的表現，有充分的機會目睹它們為了實現生態效益的目標，開始重新架構思考和行動所採取的步驟。

## 第一步：淘汰「罪魁禍首」

大多數個人和企業邁出生態效益的第一步，都是開始對那些公認有害的物質表示厭惡。行銷產品時，我們經常聽到這樣的說法：我們的產品「不含磷酸鹽」、「不含鉛」、「不含芬芳劑」等這些我們熟悉的有害物質。想想這是多麼奇怪的現象。試想當你在家中宴請賓客時，你不是去推薦自己精心準備的家傳食譜、和你精心收集的調味祕方，而是告訴客人，今天的晚餐「不含砒霜」，他們將做何反應？

體認到這種方法的潛在荒謬性及其可能掩蓋的問題是非常重要的。清潔劑可以不含磷酸鹽，但是否由更有害的東西所替代呢？傳統印刷油墨的溶劑是從有害的石化產品中提煉出來的，改用水性溶劑只能使油墨中殘留的重金屬成分更輕易進入生態系統。我們的目標應該是正向地選擇製造某件產品的原料，及如何將它們結合在一起。

幾年前，一家食品公司要求我們開發一種不含氯的容器。當我們認真考慮這項要求時，它就成了一個苦澀的笑話，因為我們意識到，簡單地去除某一種成分並不能使產品健康和安全。正如我們所說的，決定生產不含氯的紙製品，意味著要用更多木材原漿而不是回收紙，即便如此，仍然會有一些自然成分的氯進入其中。另外，這種容器的表面塗層還包含了其他有害物質——比如含有聚氨酯(polyurethane)的塗層，及印刷油墨中的重金屬——只是這些沒列在公眾熟知的危害環境物質清單中，因此一般大眾也就認識不到其危險性。(我們可以想像製造商僅僅靠宣稱這種容器「不含鈽！」就能增加銷量、節省花費和努力。)諷刺的是，製造商最終得到了不含氯的容器，卻在所生產食物中發現與氯相關的戴奧辛。

儘管如此，還是存在一些眾所周知、會在環境中累積並造成危害的物質，在生產中不使用這類物質總是朝前邁開積極的一步。我們將其稱為X物質，包括PVC、鎘、鉛和汞等材料。設想一下，美國每年銷售到醫院和家庭的溫度計中的汞估計有四．三噸，而只需要一公克汞就可以汙染二十英畝湖水中的魚類，設計不含汞的溫度計必然是件好事。一項廢除含汞溫度計的公眾戰役正在開展。但汞的這項用途，只占美國全部使用量的一％。目前為止使用最多的是工業中各種開關。少數汽車製造商已經逐步停止在汽車上使用含汞開關——富豪汽車公司近年來一直致力於此項改造，同時還提出了停止使用PVC的計畫——但是大多數製造商還沒有這樣做。從我們的觀點看來，所有產業全面停止使用含汞開關，是至關重要的。

製造不含明顯有害物質的產品是我們實現所謂「設計過濾」的第一步：過濾應該是設計的開始步驟而不是其結果。在這一步，篩選是非常粗略的——就像在設計晚宴的菜單時，剔除掉任何可能使你的客人感到不舒服的東西，或者可能會導致他們過敏的東西。但這僅僅是開始。

### 第二步：根據個人偏好來選擇

在八〇年代早期，當麥唐諾為國家環境保護基金會總部設計第一間所謂的綠色辦公室時，他向產品可能被選用的供應商發放調查問卷，要求他們確切說明產品的成分。調查問卷的答覆基本上都是：「這是依法可以保密的私有財產。你滾吧！」由於缺乏供應商自己提供的數據，麥唐諾和他的同事只能根據有限的資訊做出選擇。例如，他們選擇將地毯釘在地上而不是黏上，以免人們受到各種不明成分和效果的黏著劑危害。他們希望使用低揮發或者不揮發的黏劑，使地毯能夠回收，但是這樣的東西似乎不存在。同樣的，他們選擇了水溶性塗料。他們還決定採用全光譜照明，這就意味著需要從德國進口燈泡，雖然他們喜歡照明的品質（這樣會使勞動者感到舒適），卻對燈泡裡的化學成分和它們製造商的情況所知甚少。由於這種種設計決定，團隊根據他們能夠獲取的最佳資訊和審美觀做出選擇。他們不會只選擇更有益於環保而不具吸引力的東西——他們不是被雇來建造一棟醜陋建築的。

當七、八〇年代麥唐諾作為一名建築師開始著手解決這問題時，他相信自己的工作是將正確的東西組合起來，他認為這些東西已經在世界的某處存在著。問題僅僅在於發現它們是什麼和在哪裡。但是他很快就發現，很少有真正具備生態效益的建築和設計存在，他開始看到他可以幫助這些設計付諸實現。在我們兩人相遇時，布朗嘉的想法也朝這方向發展，如此，未來我們合作的前景十分明確。

事實上，我們面對一個充滿謎樣成分的巨大市集：我們不知道它們是什麼做的、怎麼做出來的。就我們知道的來說，大部分是壞消息；我們分析過的大多數產品不能真正達到生態效益的設計標準。但是今天必須做出決定，設計者必須去考慮什麼材料適合使用。人們幾小時之內就要來用餐，他們想要、也需要吃東西。就拿基因改良作物來說（某種未來的象徵），就算只有少到驚人的一丁點健康、營養的成分，除了神祕的基因改造食物外，沒有別的，這時我們也不能因為要找到完美的解決方法而不做飯了。

根據個人喜好，你可以決定做個素食者（不吃肉），或者不吃人工飼養動物的肉（另一種「不吃」策略）。但是你真正吃的又是什麼呢？素食者並不能確切知道你使用的產品是如何成長和加工的。你可以選擇吃傳統方式栽培的菠菜而不是施用化肥的菠菜，但是你無法知道更多關於菠菜包裝和運輸過程的資訊。除非你自己種植菠菜，否則你無法確定怎樣做更安全或者對環境更有益。但是我們必須有一個開始，好處在於，作為最初的步驟，你在做出選擇時考慮這些問題和表達自己的偏好，跟完全不考慮相比，能帶來更具生態效益的結果。

許多現實生活中的決定，可以歸結為兩件都不理想的東西的比較，就像不含氯的紙製品與回收紙的比較。你會發現你必須做出選擇，一種是化學纖維，另一種是「純天然」棉，但是棉花是大量使用了石化燃料生產的氮肥和放射性磷酸鹽種植出來的，更不用提殺蟲劑和除草劑了。除了你知道的這些，還潛伏著其他的問題，如社會公平和更廣泛的生態後果等。讓你兩難中做選擇時，選擇者很容易產生無助和挫敗感，因此迫切需要設計出一種更周全的方案。在這方案誕生之前，我們仍然可以根據已有的一切做出更好的選擇。

**選擇生態智能**　盡量確認任何一件產品或材料不包含對人類和環境健康明顯有害的物質。例如，建造一棟建築時，我們的建築師會說他們希望使用永續採伐的木材。因為無法調查每一個聲稱能提供這種木材的供給者，建築師會決定使用蓋有森林管理委員會批准印鑑的木材。我們沒有看到他們砍伐的森林，我們也不知道他們的委員會對永續性的要求有多深入，但是我們決定根據目前已知的資訊選擇產品，其結果往往會比我們根本不考慮這些問題時要好。正如布朗嘉指出的，一件聲稱「不含PVC」、或相似而有考慮和注意這方面問題的產品，表示製造者至少將這些問題當作是他的責任。

我們與一家汽車製造商的合作中，我們已經在現有材料裡找到了一些對品質有很正面作用，並且沒有明顯缺陷的材料：橡膠、新的聚合物、泡沫金屬（foam metals）、「安全」金屬（如鎂）、不會排放出戴奥辛的塗料。一般來說，我們希望產品能夠回到製造者手中，被拆卸後在工業生產中重新使用，或者至少回到降級的工業代謝中——稱為「降級回收」。我們傾向於選擇含有較少添加劑的化學產品，尤其是穩定劑、抗氧化劑、抗菌物質和其他「清潔」成分，它們經常被加入到化妝品和塗料中，製造出乾淨和健康產品的假象。事實上，只有外科手術才需要這樣的保護，而這些成分只會使得微生物變得更強大，並對生態環境和人類健康產生未知的影響。一般來說，很少物品是專為室內使用設計的，我們總是傾向選擇那些將致病風險減少到最小的成分——例如減少刺激性氣體排放。

**選擇尊重**　尊重是生態效益設計的核心，儘管這是一個很難量化的問題，但還是可以表現出不同的層次，其中一些已經為做過材料研究的設計者所意識到：尊重那些製造產品的人，尊重在製造工廠周圍的社區，尊重那些運輸產品的人，最後要尊重消費者。

最後一點是一個複雜的問題，因為人們在市場中做出選擇——甚至所謂的情境選擇——原因經常是非理性的，受到操縱的。布朗嘉從他為Wella工業做的一項研究中，得到這方面的第一手資料，Wella工業是美髮和化妝品的國際製造商，他們希望知道怎樣才能（透過行銷和包裝手段）鼓勵人們選擇環保包裝的潤膚液。當它們與普通包裝的同類產品擺放在一起時，小眾、但有一定數量的消費者會選購這種簡陋的「生態」包裝潤膚液，但是如果將它們與那些高檔「奢侈」包裝的產品擺放在一起，購買生態包裝的人則趨之若鶩。人們喜歡購買那些讓他們自我感覺獨特和明智的商品，而避開那些使他們自己感覺愚蠢和不理智的東西。這種複雜的動機給予製造商很大的影響，可以用於正面也可以用於負面。我們在選擇材料時應該保持清醒的頭腦，不要被材料的廣告所誘導，我們也應該去尋找那些「名副其實」的材料，表明我們對此議題更廣泛的承諾。

**選擇愉悅、讚揚和樂趣**　我們試圖評價的另一種元素——可能也是最明顯的——是開心和愉悅。對生態智能產品來說，抓住人們的感情是很重要的。它們能夠最大限度地表達設計的創造力，替生活增加樂趣和愉快。顯然，它們能夠做得比僅僅讓顧客在匆忙做出決定時產生罪惡感要好得多。

## 第三步：建立一份「被動積極」清單

這點是設計開始邁向真正生態效益的關鍵。除了關於某項產品內容物的現有資訊外，我們列出一份詳細目錄，包括既定產品使用材料的全部內容，以及在其製造和使用過程中可能排放的物質。如果存在的話，它們的問題或者潛在問題是什麼？它們是否有毒？是否致癌？產品將如何使用，最終形態將是什麼？它們對在地和全球社會的影響和可能的影響是什麼？

經過篩選，各種物質根據一種技術上的分類列入下列清單中，代表各自問題的輕重緩急程度：

**X清單**　如前面所說的，X清單包括問題最嚴重的那些物質——產生畸形、誘導有機體突變、致癌或者對人類和生態健康有直接、明顯的危害。清單也包括了還沒有被確切證明、但高度疑似具有這些危害的物質。當然清單應該包括國際癌症研究組織（International Agency for Research on Cancer; IARC）和德國工作場所最高排放條例（Maximum Workplace Concentration; MAK）匯整的懷疑致癌物質，及其他有害物質清單中已經收錄的物質（石綿、苯、氯乙烯、三氧化銻（antimony trioxide）、鉻，等等）。X清單上的物質被最先考慮徹底淘汰，或在必要和可能的情況下替換掉。

**灰色清單**　灰色清單包括那些沒這麼緊迫的、急需被淘汰、有害的物質。這個清單也包括那些製造業必要但目前沒有合適替代物的有毒物質。例如，鎘有劇毒，但是目前仍用於太陽能光電板的製造。如果作為服務產品製造和銷售，製造商將鎘當作工業養分保留所有權，我們甚至認為這是對材料適當和安全的使用方式——至少直到我們用更好的方法來替代它之前。另一方面，家用電池中使用的鎘，可能作為垃圾傾倒，或者更糟，經過垃圾焚化爐焚燒後進入空氣，則是嚴重的錯誤。

**P清單**　這是我們的「正面（positive）清單」，有時稱為「首選（preferred）清單」。包括那些在健康和安全的使用狀況下有正面作用的物質。

總結說來，我們會考慮以下因素：

· 可吸入性毒物
· 慢性毒物
· 是否為強過敏性物質
· 是否已知或懷疑致癌，誘導有機體突變，導致畸形，破壞內分泌的物質
· 是否已知或懷疑有生物累積性（bioaccumulative）
· 對水生有機物（魚類、水蚤、藻類、細菌）和土壤有機物具毒性
· 可生物分解
· 對臭氧層破壞有影響
· 所有的副產品是否都符合同樣的標準

目前，產品仍然是在現有的生產框架內被動地重新設計：我們僅僅是簡單地分析我們的成分，哪些有可能被替代，目標在於盡可能選用P清單中的物質。我們重新思考產品是由什麼構成的、產品如何行銷、如何使用——而非產品是什麼。如果你正在準備晚餐，你可能計畫不僅要使用有機餵養、不含荷爾蒙的牛肉，還要使用在本地市場找到的綠色蔬菜。你可能會剔除本來打算放在蛋糕裡的堅果，因為聽說某位客人對它們過敏。但是，菜單看起來還是和原來一樣。

例如，一個聚酯纖維的製造商發現目前使用的藍色染料，會誘導有機體突變

和致癌，可能就會選擇另一種更安全的藍色染料。我們以漸進的方式改進現有產品，做一些不需要從根本上重新架構產品的改變。以汽車為例，我們可以（並且已經）幫助製造商轉向使用不含銻的車內座椅套，但是我們並沒有考慮從根本上重新設計汽車。我們可以用不含鉻的黃色塗料代替含鉻的黃色塗料。如果我們能在製造產品時不使用它們，我們就可以放棄許多有害的、可疑的、或者僅僅是未知的物質。我們竭盡所能地看得更廣泛和更深入。有時候產品中的可疑物質並不真正來自產品本身，而可能來自製造它的機器或周圍的東西，比如機器潤滑劑，也許很容易就能找到危害相對較小的替代物。

儘管如此，這個步驟也有發展的困擾。雖然還不需要大規模的重新設計產品，但是公司在開始改變產品的成分時，必須達到原來產品的品質標準——顧客希望得到跟原來一樣的藍色。僅僅一兩樣產品就夠複雜的了，這讓人感到沮喪——想像一下（事實也是如此），一件簡單的、日常在製造業中廣泛使用的產品就發現含有一三八種已知或可疑的危險成分。不過這一步驟是實質改變的開始，而且開列清單的過程也會激發創造力。它可能激勵新生產線的發展，避免舊產品存在的許多問題。如此一來，它代表了一種型式的轉移，並直接導向……

## 第四步：啟用積極清單

從認真考慮重新設計來開始。我們不再只是試圖減少破壞，而是開始著手於怎樣做得更好。現在你從生態效益原則出發，產品自始至終就當作生態和工業循環中的原料來進行設計。在烹飪的例子中，你不再使用替代品——你已經把食譜扔出窗外，重新擁有滿滿一籃子美味又營養的原料，你喜歡用它們做飯，而且它們帶給你各種令人垂涎的想法。

如果我們和汽車製造商一同工作，那麼現在，我們已經瞭解所有我們能夠掌握關於汽車的知識。我們知道它是用什麼做成的，以及這些材料是如何組合在一起。現在我們正在選擇用來製造汽車的新材料，考慮到它們如何才能安全和成功地進入生物循環和工業循環。我們可以選擇煞車板的材料，使之能夠和輪胎橡膠安全地磨損，並成為真正的消耗品。我們會考慮以「可食用」纖維製造座椅。我們可以使用無需著色的聚合物，或是能夠直接從鋼板上刮下來的可生物分解塗料。我們可以為了拆卸方便重新設計汽車，使得鋼、塑料、和其他工業養分重新返回工業製造。我們可以將材料中所有成分的資訊編碼，變成一種「升級回收」的通行證，它可以由掃描器讀取，讓我們的後代能有效地使用這些材料。（這個概念可以用於設計和製造各方面。每座新建的建築給一個升級回收的許可證，標明其中使用的全部建材，並指出哪些可以用於未來回收再利用，以及在哪個循環中利用。)

現代「汽車」的型式有很大的改進可能。汽車將不再以廢銅爛鐵作為終結，但仍然還是一輛汽車。現在寬敞的停車場和寬闊的柏油路上汽車越來越多，但這並不是我們對富裕的想像。(建築師富勒(Buckminster Fuller)曾經開玩笑說，如果外星人登陸地球，它們從一萬英尺高空得到的印象，恐怕會是這個星球被汽車覆蓋了。)對於人來說，汽車可能是好的，但是可怕的交通堵塞和一個被柏油覆蓋的世界絕對不是好的。因此，我們盡可能將汽車做得近乎完美，然後再朝向……

## 第五步：再創新

這時我們要做的不僅是設計生物循環和工業循環了。讓我們重新確定設計的任務：不是「設計一輛汽車」而是「設計一台有養分的交通工具」。想像一下我們不再努力製造低排放或者零排放的汽車，而是設計一種能夠**正向排放**並對環境有益的汽車。汽車引擎就像是一個模擬自然系統的化學工廠。汽車排放的每一種物質都是自然或工業的養分。當它燃燒燃料，排放出的水蒸氣將被收集起來，重新轉化為水並加以利用(目前一般的汽車每燃燒一公升汽油大約排放五分之四公升的水蒸氣)。與其試圖將觸媒轉化器做得越來越小，不如考慮採用一種新方法將氮氧化物用來做觸媒，以便在行駛中盡可能加以生產和儲存它。我們一直致力於減少燃燒汽油排放的二氧化碳，為什麼不試著將它儲存起來作為罐裝碳黑，賣給橡膠製造商？利用流體力學，輪胎可以設計成為吸收和捕捉有害的微粒，從而淨化空氣而不是汙染它。當然，達到使用壽命時，汽車的全部材料均可返回到生物或工業循環中。

設計目標還可以再推進一步：「設計一種新的交通基礎設施。」換句話說，不要只是更換調味料，重新考慮一下菜單吧。

交通基礎設施大量侵占了寶貴的自然棲息地，和本來可以用於建造住宅或從事農業的土地（目前歐洲用於道路的空間與住宅空間相等，而這二者都與農業爭奪土地）。傳統的發展模式也損害了生活品質，造成交通噪音、廢氣和不和諧的景觀。有養分的交通工具不會排放有害廢氣，這開創了發展高速公路的新途徑。公路可以加以覆蓋，提供新的綠色空間給住宅、農業、或娛樂等用途（實現這一點可能比看起來要容易。在很多地方，公路是少數仍然有綠地環繞的公共空間之一）。

如果在二十年後，這個星球上的汽車數量達到今天的三倍，而如果這些汽車都是用先進的碳纖維材料製造的高效率超輕型車，每一百英里僅耗油一加侖，甚至是所謂的健康交通工具，那麼這也不是什麼非常嚴重的事情。這個星球將布滿了汽車，我們必須考慮其他的選擇。一項更遙遠的任務將是「設計交通」。

聽上去像是空想？是這樣沒錯。但是請記住：在馬和馬車的年代，汽車也曾經是空想。

這最後一步沒有絕對的終點，結果製造出來的產品可能與你最初設想的完全不同。產品是逐步演進的，在前面幾個步驟中，你會體認到某些制約因素，克服這些制約就前進了一步。設計的基礎就是在不斷發展的技術和文化背景下，盡可能滿足人類的需要。我們在第一步先將積極清單用於已經存在的事物中，然後再用於那些剛剛開始想像但還沒有確定的事情中。當我們開始尋求最佳化，也就啟動了想像力來開拓全新的可能性。我們會問：顧客需要什麼？文明怎樣進步？怎樣才能透過不同種類的產品和服務實現這些目標？

## 五項指導原則

朝生態效益的轉變不是一蹴可幾，需要經過多次的試驗和失敗——以及時間、精力、金錢和許多方向上的創造力。生產運動服飾的Nike公司主動做出許多實現生態效益的努力：開發新材料、拓展產品使用和再利用的前景。公司的計畫之一，就是在鞣皮中剔除可疑的毒素，使得它不再是一個「怪誕複合物」，並做到能夠在使用後加以安全回收。因為鞣皮影響到相當多的產品，包括汽車、家具和服裝，這種主動的努力可以在許多產業中推廣。Nike也在試驗一種乾淨的新橡膠化合物，能夠成為生物養分，帶給許多工業環節革命性的動力。

同時，公司也試圖在產品回收階段開拓創新，不僅要生產工業養分和生物養分，而且要建立起一套系統去回收它們。這個過程必然是循序漸進的——Nike在生產新鞋的轉型過程中，將鞋面、鞋底、避震鞋墊加以分解和磨碎，然後與廠商一起將這些材料用在體育活動場所的地面（這是一種相當高水準的使用，因為這些材料仍然具有保護和避震的作用）。我們的目的仍然是在不同的地方和文化背景下實現升級回收，但並不是每一條道路都能夠成功。Nike的女鞋全球主管溫斯洛（Darcy Winslow）指出，在技術比較先進的產業中，改革的成功率在十％到十五％之間。公司正在主動試行幾個產品的回收計畫，開始理解這個問題的複雜性，並希望這當中有些是將來能夠運作成功的。Nike在大約一百一十個國家銷售產品，所以這個計畫必須考慮各種地方背景和文化背景。

設計改革者和企業領導者可以做些努力，以便幫助掌握住每一個階段的轉變，並增加成功的可能性。

**表明意圖**　建立一個新的模式，比在一個舊模式上逐步改進要好得多。例如，當一個企業的領導者說：「我們準備製造一項太陽能產品」，這是一個足夠明確的信號，每個人都能夠理解公司積極的意圖，特別是在一個由現狀左右的市場中，完全和迅速的改變是非常困難的。在這個情況下，目標不是稍稍提高舊有模式的效率，而是改變框架本身。

底層的雇員需要有和高層一樣的遠見，尤其是當他們遇到公司內部的阻力時。剛剛升任福特公司不動產副總裁的奧布瑞恩說：「我知道在哪裡可以得到肯定答覆：十二樓。」他指的是福特的前瞻性高階管理團隊所在地。「在福特公司，對於下一步應該做什麼，可能會存在爭論；但對於未來的方向是什麼，則毫無異議。」

重要的是，代表公司意圖的信號必須建立在健康的原則上，一個公司傳達的信號不僅應該包括實物材料的轉變，還應該包括價值的轉變。例如，如果一家剛開始使用太陽能的公司發現，自己使用的太陽能集熱器是由含有毒性的重金屬材料製造，以後不知道該如何處置或使用，那麼材料問題就直接變成一個能源問題了。

**復原**　追求「好的成長」，而不僅僅是經濟成長。將我們在這裡提出的想法(包括一般的設計)作為種子。這些種子可以採取文化的、物質的、甚至精神上的各種形式。例如，一個舊社區可以由這些種子出發邁向新的轉型，以一種創新的方式提供服務，不產生廢棄物、不擴張、無需淨化水、增加植樹和綠化面積淨化空氣，並美化環境，重建破舊建築，振興店面和市場。在小範圍內，建築物可以發揮恢復自然的作用：像一棵樹那樣淨化水，並將乾淨的水排到庭院中，吸收陽光以期生長，提供棲息地（例如，設計者可以使屋頂和庭院吸引鳥類），從而回報環境。當然，設計的產品是可復原的，成為生物和工業的養分。

**準備進一步創新**　不管你的產品有多麼好，追求現有產品的完美無缺並不是最好的投資。花四年時間開鑿的伊利運河，在輝煌時代曾經被視為效率頂點的象徵。它的建造者和投資者沒有想到的是，廉價的煤炭和鋼鐵的出現，迅速宣告了運河的死亡。鐵路顯然比運河更快捷、更便宜、更方便。在運河完工之前，更適合的新交通技術就發展起來了。

當燃料電池成為汽車工業選擇的汽車動力時，那些致力於改進內燃機效率的公司，可能就會發現自己落後了。現在應該繼續製造你一直在製造的東西，還是應該設計新產品？改革需要關注來自公司外部值得注意的訊息：來自社會、環境、或者整個世界的訊息。要準備好接受前瞻性的思想，而不僅僅是反饋。

**理解並預備好學習曲線**　要認知變革是困難的、混亂的、需要花費額外的物資和時間。有個好的比喻是，如果你想飛，就必須有額外的材料——而且建立在研究和發展的基礎之上——來長出一副翅膀（許多科學家相信，翅膀的進化是源自於覆有保暖羽毛的肢體的另一種用途）。生物學家高德對這個概念的解釋十分適用於工業：「所有的生物結構（包括從基因到器官）都保留有大量冗餘的能力——也就是說，比維持最低限度的正常狀況留有更多的材料和資訊。這些『額外的』材料可以用來進化成新事物，因為剩下的部分已經足夠維持原來仍舊必要的功能。」[59]形式服從演化。今天你可能不知道你將來需要發展的是什麼，但若你所有的資源都在基本活動中耗盡，就沒有多餘的資源可以用來創新和試驗。適應和創新的能力要求「減肥」——提供新方法的成長空間。例如，與其將所有的時間和金錢都用來改進一種現有車款，一個汽車生產商必定能設計出另一款汽車：一種基於前瞻性的新型車輛。儘管改進設計需要時間，但是可以肯定：在十年之內，今天的「完美」汽車將成為過去，如果你沒有最新的東西，你的競爭者也會有。

**承擔跨世代的責任**　一七八九年傑佛遜在給麥迪遜（James Madison）的一封信中辯稱，聯邦債券應該在一代人之內償還。因為，他說：「世界是屬於……生者的……，沒有人天生有權利讓他占有的土地，或者由繼承他土地的人來償付他

59 Stephen Jay Gould, "Creating the Creators," *Discover*, Oct 1996, 43-54.

的債務。因為如此一來，他必定會在自己一生中耗盡未來幾代人在土地上的權益，這樣土地就屬於死者，而不是屬於生者的。」

儘管背景脈絡不同，但是這個邏輯是美麗和永恆的。試問：我們怎樣才能支持和永遠保持所有物種分享一個富足世界的權利？我們怎樣才能永遠愛所有物種的千秋萬代——而不僅僅是我們自己的？想像在未來一個繁榮和健康的世界應該是什麼樣子的，然後從現在就開始設計它。再一次成為這片土地的原住民意味著什麼？這片土地是地球，是我們所有一切的家園。這問題需要我們所有人的參與，世世代代皆然。然而，這就是答案。

# 布朗嘉教授來台專訪
## Prof. Michael Braungart Interview

梁中偉
原文發表於*Intelligent Times*雜誌
二〇〇七年十一月號



**Intelligent Times：您在一九八七年創立EPEA，一九九五年又與威廉・麥唐諾在美國創立MBDC，為什麼當時會決定與麥唐諾一起合作？這個新公司的目的又是什麼？**

**布朗嘉：**由於我太太當年是德國政府的環保官員，為了利益迴避，我們夫妻無法一起做同類型的工作，因此我必須離開德國，才能繼續我的研究。我先於巴西的聖保羅設立辦公室，接著才於一九九一年成立紐約辦公室。美國與德國對於研究補助有很不同的標準，在歐洲，你可以因為研究複雜的議題或問題而獲得補助，然而在美國，你必須靠研究出解決方案才能得到補助，美國只有軍事單位會補助複雜議題，這就是為什麼科學家沒辦法協助紐奧良的災民，因為環境問題永遠是複雜的，它不只是科技上的問題，也是社會與文化的問題。我很幸運在當時能獲得Teresa Heinz的資金支援，當我在哈佛與麻省理工學院任教時，她便開始提供我財務上的支持。

我在一九九一年與麥唐諾一起在紐約成立建築設計的顧問公司。在美國，產品永遠是為了行銷考量而設計的，總是行銷人員告訴設計師該設計什麼，但是他們並不是為了整體社會的利益而設計。設計師之間有一種相互競爭的關係，但是麥唐諾是很不一樣的設計師，他喜歡與他人一起合作，我們之間的合作模式通常由我負責概念的部分，而他負責建築方面的專業。建築物的材料是什麼，對於環境是很關鍵的，而我們總是選擇對環境比較有益的材質。

**後來是怎麼又回到德國？**

三年前我太太調到其他單位，不再做與環保有關的工作，所以我就可以回到德國從事我想做的事，我大部分時間主要在德國聯邦政府的環境創新委員會工作，這個委員會約有二十位專家。同時，我也為荷蘭做一些專案。荷蘭是從事這個工作非常好的環境，因為荷蘭人從十八世紀起便開始伐木，他們對於這一點深感罪惡。在德國，人們總是覺得大自然是美好的，而人是有罪的。荷蘭人雖然也很敬畏大自然，但是想法上比較客觀。這一點和從搖籃到搖籃的精神很像，我們都很尊重也很讚揚大自然。

四週以前（二〇〇七年九月），荷蘭環保首長Jacqueine Cramer說他們將成為歷史上第一個從搖籃到搖籃的國家，他們在全國各地的大學裡教育從搖籃到搖籃的概念，並且成立工作坊。（二〇〇七年）十一月初舉辦一個工作坊，針對設計、建築、產品設計、交通運輸與都市計畫等進行討論，在這個人口密度與中國大陸差不多的國家，人人均相互支持幫忙，而非互相控制，這與從搖籃到搖籃的文化恰恰相符。所有的活動不只是由荷蘭政府贊助，還有像飛利浦這樣的大公司贊助。人們總是在談論並且思考該怎麼做，他們對於改變的態度是真心地開放，他們視改變為機會而非威脅，這是一個擁有從搖籃到搖籃文化的國家。

**那麼他們如何為這個觀念做宣傳？**

他們利用電視節目傳遞資訊，他們也到全國二十個城市四處說明如何改變產業，在執行從搖籃到搖籃時，基礎的觀念就已被根植。現在所有的大學都在傳授這個概念，這是個不流血的革命。

**中國的發展如何？您似乎已有一些在中國進行的案子？**

在中國我們有不同的做法。中國（農村）大約有四億人口，在那裡蓋房子我們必須使用當地的建材，材料必須非常堅固，且不能有任何能源上的浪費。我們需要維護高地植被的生態，唯有如此才能進行農作物的種植。印度的農耕地已經是中國的三倍大，我們必須增加農耕地才能養活人類。

中國現在已經變成世界的工廠，幾乎大部分的玩具、電腦、消費性電子產品都是在中國製造的，該如何將此新概念帶進這個世界工廠？

這有點像德國與美國的關係。很多創新的概念源自於歐洲，但是在美國銷售，就像很多創新的設計來自於台灣，但是製造生產地在大陸，ＭＰ３隨身聽的設計是德國的，卻在美國生產與銷售。台灣，就像歐洲，有許多關於社會問題的辯論，但並沒有花力氣在解決問題，中國是屬於直接解決問題的那一型，有問題該怎麼做就去做了！這是中國政府其中一個領先之處。但這樣的關係也很好，中國與台灣可以用和平的方式產生連結。

**共通平台可以讓產業使用原物料更方便，請問這是今年開始與ConneXion原料合作的原因嗎？**

創新是公司成長的關鍵，但是即使使用的原物料品質不佳，公司仍然需要獲利，我們需要一個促進溝通的平台來協助他們。為創新而改變環境，對於ConneXion平台是個關鍵，現在在創新的平台上，有約兩千至五千項從搖籃到搖籃的原物料。一些大型企業，以可口可樂為例，需要銷售除了主要產品之外的其他產品線，所以他們需要進入新的市場，也需要持續開發產品。

許多公司的高獲利來源，卻是損害人類健康的根源，這個錯誤遠超過我們的想像。天真的孩子只是想玩玩具，但是玩具卻傷害了他們的免疫系統。但是，即使有這些企業存在，仍然有九五％的公司想要為人類與社會負責，也想成為良心企業，他們希望能為自己所做的事感到驕傲。在這裡我們應該要有一種觀念：與其為那五％的公司感到羞愧或對他們憤怒，我們應該要正面支持那九五％的企業，我們應該要協助他們做得更好。

我們現在已在曼谷設了一個原料展示間，未來也將在香港設一個。人們可以去展示間獲得原料的知識，也可以在網站上瀏覽或下單，透過這個展示間，他們可以瞭解如何使用原料、如何做這些原料的研究等。我很希望台灣的產業界能過來這個展示間看看，我也可以展示一些從搖籃到搖籃的原料給他們參考。這個展示間內有一些企業如三菱或DSN所使用的原料，我們希望這個展示間，能夠提供給產業界文化上的支援與協助，將從搖籃到搖籃的觀念帶入產品裡，不但能使產品有益於社會與人類，也可以讓產品更具競爭力。

**您原來是一位化學家，但是現在所做的事卻遠遠超過一名化學家……**

本來我是想當個化學老師的，我很喜歡化學的系統，我很高興能夠做一些與環境及化學有關的事，並且如此去教育你的家人如何保護環境，也顯得比較合理。現在的世界已經遠超過科技能影響的範圍，若還不應用從搖籃到搖籃的觀念就顯得太不明智了，但是我們並不需要去批評別人，我們也不必說：「我做的是好事，你做的是不好的事。」我們尊重不同的聲音。對企業而言，我們需要重新與客戶建立關係，例如在一九九四年，Nike在越南和台灣造成汙染，他們在產品上使用一些便宜的原料，卻對環境造成了嚴重的損害，他們真應該謹慎選擇化學物質的。為了這次的問題，他們的信譽受了很大的影響，十八個月內都無法恢復，這只是因為他們想使用一些化學物料去開發新產品。後來他們甚至花了六億請一位知名度不高的德國足球員幫產品打廣告，重新吸引顧客回流。

這代表什麼呢？這代表你無法回收所有東西，例如你無法回收與男友或女友的關係，為什麼不乾脆只賣兩年的鞋子使用權呢？人們只要為穿兩年鞋子而付費、或是為兩年的足部安全保險而付費，兩年過後，顧客就可以將鞋子歸還。再說到新聞，你可以只賣新聞的閱讀服務，但不要求顧客買新聞的「紙」，顧客將不需要再買報紙，如果他們不再讀同一份報紙，就可以將報紙洗掉，並且重新印刷，這種報紙至少可以重複使用六十次。

**明年（二〇〇八年）在法蘭克福將有的Nutec展覽，您會再提出「從搖籃到搖籃」的新聲明或原則嗎？**

Nutec是一個強調以滋養與鼓勵取代控制的展覽，我們邀請所有的企業來參與並說明他們公司的創新之處，也一起來參與研討會分享新知。這個展覽將在法蘭克福舉辦，斯圖加克很希望能在他們城市舉辦，因為他們擁有許多很強的產業，但是我們需要在一個交通便捷、可以直飛到達的城市舉辦，才能方便全世界的人過來。

**您和麥唐諾教授在二〇〇〇年一同提出漢諾威原則，明年的展覽您是否已準備好要提出的構想？**

我們上次提出的原則是關於建築、產品設計、歌頌生命的基本想法，只是提供給建築設計師做些改變的原則。明年的展覽，我們的重點在於歌頌生命，如果人們覺得他們是「必須」做些什麼，就像若是政府對你說：「你必須要開心！」人們就無法享受到樂趣。何不為那些想做好事的人慶賀？我們應該一開始就要做正確的事、好的事，而不要為不好的事懊悔不已。

**中國在綠色經濟上已開始展現它的市場能力，您有計畫在中國設立一個辦公室來傳遞您的想法嗎？**

是的，我們有考慮這個可能性。但是我反而更願意在台北設一個辦公室。我說過，唯有開放的社會能與從搖籃到搖籃的概念互相搭配，台灣的媒體環境很自由，這裡的人就像德國人一樣，無所畏懼地批評政治人物、為政治辯論，在這裡每個人都有關聯，就如荷蘭一樣，彼此之間有很強的聯繫感，並且你們充滿創新的精神！

**若您真來台設辦公室，將是我們莫大的榮幸！**

繁體中文版附錄 APPENDIX II

# 一台汽車也是一張椅子——C2C商品案例

## The Car Is a Chair……

梁中偉、野人文化編輯部

### 汽車

U型車 Ford Model U

福特汽車公司

福特汽車公司於二〇〇三的華盛頓車展上發表U型車，這款概念車命名時喻含了「廿一世紀的T型車」的期待。U型車用鋁製車身結構、軟車頂、模組化內裝，採用符合C2C標準的綠色材料。主要動力來源是高壓縮氫氣內燃機，加上燃料電池的驅動馬達，可減少九九%的二氧化碳排放。軟車頂和地毯墊是玉米基底的可生物分解材質，車尾門材料是大豆基的聚合物經過玻璃纖維強化，車椅泡墊也含有大豆成分，機油是從葵花籽提煉出來。座椅、面板、方向盤、手靠等處使用的聚酯材料，符合C2C工業養分的回收要求，回收後品質完全不會減損。製程方面也考慮到對環境的衝擊，以塗裝來說，傳統的汽車塗裝仰賴上漆後高溫烘烤，需消耗大量能源，U型車則採用Akzo Nobel公司的「UV-cure」技術，用紫外線照射來固化塗料。U型車預計於二〇〇八年進入量產階段。

## 紡織品 Climatex Lifecycle Textiles
Designtext公司

Climatex Lifecycle布料是一種使用過後可分解於土壤內的紡織品，完全於循環封閉系統內製作，所有製程和染料均無害於環境，其使用的所有化學染料已驗證不具毒性，製程中排放的水也是安全可飲用的水，並且所有的廢棄物質最後均被製為氈，賣給農家做為護根層使用。

## 紡織品 Eco Intelligent聚酯纖維
Victor Innovatex公司

所有的人造纖維中，聚酯纖維的生產量占了近一半，也由於其可回收性，聚酯纖維通常被視為較環保的材質，然而一般聚酯纖維都是降級回收，回收後材料品質下降，且過程中釋放出的重金屬銻是已知的致癌物質。Eco Intelligent是第一款完全無毒、不含重金屬、對環境和人體健康有益的聚酯纖維。作為C2C理念的工業養分，Eco Intelligent可完全回收再製新品，且回收後材料品質不變。Victor Innovatex公司在其他方面也表示出對環境議題的投入，這家公司耗用的能源有八三%來自水力發電的可再生能源。

## 日用品｜gDiapers嬰兒尿布 gDiapers公司

gDiapers尿布是由可清洗、透氣性佳的外層棉褲，以及可拋式的內層補充布組成。內層補充布能將所有吸收的物質返回於自然中，不含任何塑膠材質、氨、香料、乳膠、染劑或油墨，埋在土壤中可於五十至一百天內分解。

## 日用品｜Eco Worx地毯 蕭氏工業Shaw Industries Group

身為美國最大的地毯供應商，蕭氏工業發展出的Eco Worx拼貼地毯，完全不含PVC成分，室內環境下使用所揮發出的物質遠較其他同類產品要少。Eco Worx地毯可於封閉循環中完全回收使用。地毯用到產品生命週期的盡頭時，只要撥打地毯後面所印製的免付費電話，公司就會免費來收取這些地毯並且將其回收再製為新地毯。

## 辦公椅 | Mirra椅、Foray椅 Herman Miller公司 | Think椅 Steelcase公司

Mirra是第一張按照工業循環理念設計出來的辦公椅，能輕易拆解，九六%的材料可回收，聚合物製造的椅背可反覆回收和再利用高達二十五次，除了考量生態面之外，Mirra椅也符合人體工學設計，並且有著輕盈的外觀，同時滿足了實用性和美學的需求。Foray辦公座椅是為填補座椅市場缺口所設計的產品，將一般辦公用椅的實用與高階人士所需要的豪華舒適相結合，產品有九三%可回收，皮革來源包括特殊的無鉛皮革提供商。

Think椅可用一般的工具在五分鐘之內拆卸開來，九九%可回收，「在設計Think椅時，我們考量的是它從哪裡來、它怎麼製作、當它不再是一張椅子時它會是什麼。」Think椅的生產工廠，是靠風力或太陽能發電的可再生能源來運轉。

# 日常生活服務

## 美國郵政局限時與快遞郵件
## 美國郵政局

二〇〇七年通過的認證，這是所有的C2C認證商品當中，第一項全國性甚至是國際性的商品，也是消費者每天會使用到、最為普遍的商品。美國郵政局每年需寄送超過五億份限時和快遞郵件，這項服務通過C2C認證，對於追求永續的企業、和追求永續的社會來說，都極具指標意義。由於美國郵政局的龐大業務和高度複雜性，MBDC自二〇〇六年八月開始，輔導美國郵政局檢視每一個環節，採用極為嚴苛的標準，共檢查了六十種配件、兩百五十種材料、一千四百種成分，這一切，都得在供應商的配合下才能進行，而美國郵政局有兩百家供應商！此認證的另一個意義在於，美國郵政局是僅次於沃爾瑪，全美第二大的雇主，在認證的過程中，不僅僅是影響和教育了消費者，也影響了內部的八十萬名員工。

野人
野人文化
讀者回函卡

書　名

姓　名　　　　　　　　　　□女 □男　　年齡

地　址

電　話　　　　　　　　　　手機

Email

□同意 □不同意　　收到野人文化新書電子報

學　歷 □國中（含以下）□高中職　□大專　□研究所以上
職　業 □生產/製造　□金融/商業　□傳播/廣告　□軍警/公務員
□教育/文化　□旅遊/運輸　□醫療/保健　□仲介/服務
□學生　□自由/家管　□其他

◆你從何處知道此書？
□書店：名稱 ______　□網路：名稱 ______
□量販店：名稱 ______　□其他 ______

◆你以何種方式購買本書？
□誠品書店　□誠品網路書店　□金石堂書店　□金石堂網路書店
□博客來網路書店　□其他 ______

◆你的閱讀習慣：
□親子教養　□文學　□翻譯小說　□日文小說　□華文小說　□藝術設計
□人文社科　□自然科學　□商業理財　□宗教哲學　□心理勵志
□休閒生活（旅遊、瘦身、美容、園藝等）　□手工藝／DIY　□飲食／食譜
□健康養生　□兩性　□圖文書／漫畫　□其他 ______

◆你對本書的評價：（請填代號，1. 非常滿意　2. 滿意　3. 尚可　4. 待改進）
書名 ____ 封面設計 ____ 版面編排 ____ 印刷 ____ 內容 ____
整體評價 ____

◆你對本書的建議：

野人文化部落格 http://yeren.pixnet.net/blog
野人文化粉絲專頁 http://www.facebook.com/yerenpublish

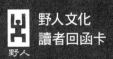

廣　告　回　函
板橋郵政管理局登記證
板 橋 廣 字 第 143 號

郵資已付　免貼郵票

野人

23141
新北市新店區民權路108-2號9樓
野人文化股份有限公司 收

請沿線撕下對折寄回

野人

書號：0NEV6005